當無法預測的衝擊接二連三，
你需要360度的實用管理對策！

動態危機管理

黃丙喜、馮志能
辜存柱、徐政雄 著

（終極增修版）

各界讚譽

「危機經常存在，理由是商業失敗率普遍超過六〇％，而營運環境的變動又大幅擴大，加上當今產業供應鏈的高度分工，更增加了連鎖衝擊的風險。成功屬於那些有準備的人，議題與危機管理尤其如此。更重要的是，它必須特別考量在地的政治、社會、心理、法律與輿情因素。

本書作者對於風險、危機及議題管理，提出動態立體的創新思維及系統的翻轉高度，令人激賞。」

——王央城（國防大學管理學院前院長）

「管理著作要理論與實務兼具，並不容易，危機管理特別如此。近年全球金融危機將大幅改變世界產業的遊戲規則；資本主義所產生的貧富不均等巨大差距，也將使營運環境面臨更多複雜多變的不確定性衝擊，每一位組織領導人與高階經理人都不能忽視此一危機和契機。

本書作者以他們二十多年的實務經驗，為大家理出一個系統性的思維及動態性對策，清晰簡明，非常具有參考價值。」

——吳其態（美隆工業創辦人）

「危機是人生的一堂必修課。越早先修，不是無謂的磨難，而是向上成長的福分。

人生如果像爬山登頂，途中遇到的危機，無論是在順境或逆境中都格外具有意義。整個過程中最危險的兩個時刻，一是登頂成功之後的那一小段時間，二是登頂過程中遭遇困境時，皆印證了禍福相倚的哲理。

危機嚴重的程度，和準備的程度成反比，這是危機處理的金科玉律。本書的觀點精闢，案例剖析深入，能夠協助你盡可能預知風險，並以策略性思考與可行性對策，成功地扭轉乾坤，在危險降臨前做好充分準備。」

——吳宗成（台灣科技大學資訊管理所教授）

「系統動力學、行為經濟學、認知心理學是近年變動管理中的新領域，本書作者充分加以運用，而且理論及實務兼具，讓大家經由動態系統的結構分析，而對危機管理產生清晰簡明的了解，在實務上又可立即活用。

本書的動態結構十分著重人在高度不確定情境下的心理反應和行為模式。動態環境下除了事物的變動，人的心理變化更是關鍵，值得大家一起來探索。」

——陳明德（美國加州大學管理資訊系統教授）

「一切突發事件發生前都會有警訊，但為何悲劇總是一再發生？為什麼大家總是忽視就在身邊的數據，再三重蹈錯誤的決策？

風險神經麻痺、輕忽外在環境的變化，是悲劇無法避免的第一原因；沒有解析及透視病徵的能力，則是使得危機更加嚴重的主要關鍵；加上不敢勇於任事，處處躲避，最終讓問題一發不可收拾。面對二十一世紀，危機已經成為高速變動中的常態，而處理危機及管理議題則是當今高階經理人必備的技能。」

——黃石城（台灣傳統基金會董事長）

「要一個產業領導者學會如何贏，難；但要學會與『輸』共處，更難。這是台積電董事長張忠謀，因應多變環境時，最重要的心法之一。同樣地，當一個組織的領導者與高階經理人，要學會如何與『危機』與『契機』共舞，的確也不是一件容易的事。

本書作者群處理過多項國家安全與企業危機事務，他們將其多年實務的經驗，結合理論，為大家解開『轉危為安』的密碼，此時此刻，格外具有價值。本人樂為之序，也以能為之推薦為榮。」

——謝宗興（實踐大學國際經營與貿易學系教授）

「世界已經進入快速變動的時代，作為一個組織的領導人，要有充分的智慧、雅量和能量面對高度不確定的挑戰。

這本書綜合許多重大事件，而且從認知心理、組織行為和動態系統等多重視角，加以深入而且專業地探討，整出一章章面對危機的智慧，發人深省！」

——鍾祥鳳（加捷生物科技總經理）

「媒體產業的革命已是現在進行式，特別是網路改變了媒體的生態，危機管理者當然必須知道它對風險溝通的意義、價值和方法。

網路代表的是社群和公民時代的來臨，政府和企業必須洞察這種訊息傳播片段性、滾動式、社群化和螺旋化演變的特性，而且拿出粉絲化、話題化及數位化等動人的方法，來快速拿回發球權。危機管理和緊急應變貴在實踐，本書給了我們許多成功的經驗。」

——蘇進強（國家安全會議前諮詢委員）

致謝

用心耕耘，終於開花結果。我們非常高興，本書獲選為國家文官學院的指定用書，而且是其中唯一的非翻譯著作，我們要向全部評審深致敬意；它也常年列進管理類用書的熱門排行，我們要向提供許多卓越見解及實際案例的產官學界朋友深致謝忱。

感謝行政院前政務委員黃石城先生、前農委會主委林享能先生；台灣科技大學管理學院前院長吳宗成博士、EDBA／EMBA執行長欒斌與劉代洋、林孟彥、覃冠豪教授；中山大學公行所教授汪明生博士及企管所教授屠益民博士，還有瑞士歐洲大學管研所教授范揚松，以及台灣大學、台灣科技大學、政治大學、中國人民大學、上海交通大學和廈門大學的在職企業家、高階經理人們的熱忱對話。你們為我們開啟了探索危機的智慧之窗，啟迪了我們思考的高度及實用的深度。

過去三年間，我們受邀到近百個政府機構及民間企業演講，現場的實務探討和多向溝通，更讓我們受益匪淺。我們把許多精彩的內容加入這次增訂之中，希望能夠回報你們的盛情。

最後要向商周出版一級的編輯團隊：總編輯陳美靜及責任編輯黃鈺雯深表敬意，你們為台灣耕耘出一方智慧的書田。

導讀——天底下沒有不倒的神話

「動盪和混沌是二十一世紀的新常態，而動盪和混沌的主要效應有二，一是脆弱性，個人、企業和組織都需要好好武裝自己來對抗它；二是機會，需要知道如何善加運用。」

——行銷大師科特勒（Philip Kotler）

「大到不能倒」（Too Big to Fail），這樣的「不倒神話」卻在瞬間倒下的悲情故事，每天都在世界的舞台上演，安隆、世界通訊等企業倒閉事件猶然深記在我們的腦海，更大的企業不倒神話如雷曼兄弟也接二連三地發生了。全球性的經濟危機或金融風暴，每隔三到五年就會像火山一樣爆發一次。

我們再把目光轉向全球的政治舞台，這裡也一幕幕地上演同樣的悲情戲碼。近年全球的金融海嘯讓各國領袖如坐針氈，國家財政破產、人民聚集在政府大樓與國會示威抗議的場面已成常態。人民質疑總統、總理處理危機不當，要求他們下台的呼聲席捲每個角落：「政府根本把我們當成狗吠火車，對我們視而不見，沒關係，只要他們繼續顢頇，示威抗議必會持續下去！」

時間是遺忘和療傷的特效藥，但企業和政府樓起樓塌的故事從未中止，劇情也大致雷同，只是賭局與賭本越來越大，國家、社會與民眾所遭受的風險及損失也越來越高。

「大到不會倒」才是神話，除非個人、企業和組織能夠戰戰兢兢，隨時面對外在環境的變化，適時調整妥善的營運對策，否則議題變危機，危機變災難的負面效應永遠會發生。企業如此，個人也沒有例外，尤其是身處風險社會的複雜多變環境，無論政治或企業領導人更應時時警惕。

諾貝爾經濟學獎得主、普林斯頓大學心理學教授康納曼（Daniel Kahneman）在《成功的幻想》一書中說：「我們習慣於高估成功的可能性，這種情況到了非常嚴重的地步。」事實上，根據美智管理顧問公司的統計，商業中的失敗比率經常超過六〇%，而一個企業的生命超過五年的比率也不到三成。眼看高樓建起，又望著高樓塌陷的悲痛情景，在產官學各界可說是家常便飯。

⊙議題、風險、危機與轉機的「動態系統」

企業議題、風險及危機的產生有一個共同的特點：它不是一朝一夕就突然發生，而是像人感冒生病一樣，有感染期、潛伏期、徵兆期到發病期，是一個隨時間演進的過程。一旦危機發生，引發攻擊或抨擊的來源可能來自四面八方的不同空間；而危機的處理，必須考量法理情的不同層級及短中長期的不同時效，而有多向與動態的思維。

本書對危機管理提出的動態、系統及立體的結構，是以時間和空間為基線，所交互構成的圖面。針對議題、風險與危機，我們以它隨著時間演進的過程為橫軸，以其危機發生時的可能攻擊點為縱軸，同時綜合考量法理情及短中長期目標的價值立面，首先透過系統性的邏輯推理及動態分析架構，洞察危機的成因、演變、事實和真相，進而動員系統、組織和功能的整體資源，考量人生、社會和組織的核心價值，也充分考量目標效果及溝通機制，相互構成一個機動、及時且反應適切的危機管理和行動機制，以免顧此失彼、進退失據或患得患失，陷於見樹不見林或見林不見樹的困境，及時掌握契機，主動出擊，扭轉乾坤。

本書主要針對個人、企業和組織將面臨的主要議題、風險與危機，進行系統性的講解，詮釋其對經營管理和價值存續的意義及影響，並引用「個案啟示」探討危機及契機的演變關係，也加入「動腦時間」、「實用工具」及「他山之石」等實用補充，加深讀者善用危機處理方法及策略的能力，探討的主題、內容和相關理論可歸納如下頁表。

⊙ 捨棄冗長議論，直述實用方法

諾貝爾物理學獎得主愛因斯坦說：「任何一個有智力的笨蛋都可以把事情搞得更大、更複雜，也更激烈。往相反的方向前進則需要天分，以及很大的勇氣。」政治大學講座教授司徒達賢說：「天底下的事只要有道理的，都能用白話講清楚。」我們將它奉為寫作這本書的最大原則，化繁為簡，經由系統的拆解、重組及分析，盡量把實用的內容表格化、數據化及程序化，以使讀者能夠清楚地了解，簡便地運用，因而迸出處理人生及事業危機的智慧火花。

本書的許多見解，是根據我們過去二十餘年間分別為百餘家企業及政府機構處理危機的

主題	內容	理論實務
危機鳥瞰	危機的動態特性和立體面向 危機的特性、本質	Scenario Analysis 政策前瞻和情境演練
危機閱讀	剖析危機的因子和警訊 透視危機的變動和異數	檢測：組織危機準備 實務：危機實用手冊
危機溝通	現代新聞媒體的特性和生態 訊息傳播溝通的型態和效應	公共管理學／傳播行銷學 案例：國際重要危機事件
危機決策	人類面對高速不確定的心理反應 CEO危機情境的決策陷阱	行為經濟學／社會心理學 案例：集體智慧的盲點
危機領導	危機領導的重大特質 危急時刻的關鍵決策	案例：攀越頂峰 檢測：危機領導能力

經驗。書中出現或匿名的人物都是人人稱羨的企業家、高階經理人或產官學界的專家，意氣風發的身影經常出現在各大電視及新聞媒體，但是每個亮麗光鮮的背後，往往藏著一些從生活、工作到事業不為人知的高低起伏，以及曾經午夜驚醒的茫然和惶恐。

日本東京大學經濟學教授岡崎哲二在《經濟史上的教訓》中說：「克服危機的鑰匙存在於歷史之中。」針對全球近年發生過的重大危機事件，包括國外的智利礦災、嬌生公司、艾克森美孚、福特、雀巢、美國聯合碳化物、道康寧，以及國內的友達、遠雄、遠東、金車、頂新等成功或失敗的案例，都在本書中進行了決策分析。

社會民意、主流意識、行政立法與公共政策，是企業所面臨的外在環境變動中重要的因素，每一項民意、價值、政策與法令趨勢的變動及調整，都會對企業經營造成立即且深遠的影響。期待讀者能夠從下列三個角度來探索並發掘處理危機的動態系統之道：

1. **動態立體剖析：**明瞭現代組織在今日動態政治、經濟與社會環境中所處的敏感位置，並知悉在此一動態位置中潛藏的各種政治、經濟、社會、文化等重大議題，與企業密切相關的風險危機及其類型、特性及形成原因。
2. **系統平衡處理：**熟悉公共政策、企業及組織議題、風險與危機管理的原則及方法，明瞭行政、立法、非營利社會機構及新聞媒體的組織結構、決策模式與危機溝通的核心要素。

3. **策略前瞻規劃：**知曉組織如何運用計畫、控制、決策、追蹤、改善等管理方法，回應外在的政府、立法與社會環境等議題變動及其將對組織造成的風險與危機，並善加整合內外資源，推動適切的公共事務、議題、風險及危機管理策略，增進個人、企業及組織在動態世界中的競爭優勢。

第一篇

危機與轉機的
動態地圖

第1章 危機開講：危機或轉機？關鍵在行動！

「領導者若要躋身偉大領袖之列，需要具備三個要素：偉大的人物、偉大的國家和重大的事件。」

——美國前總統尼克森

布倫（Arlene Blum）在一九七八年十月率領由十位女子登山好手組成的探險隊，登上世界最危險的高峰——安納浦納（Annapurna）。她被問到成功登頂的關鍵時說：「這次遠征需要的是一位有魄力的領導者，而非一位獨裁者。」

歷史上許多成功化危機為轉機的故事，都清楚顯示一個清晰的事實——卓越的領導，包括：正確掌握目標、設定方向、激勵團隊、取得承諾、迅速行動與保持堅定等，是決定一件事件到底是危機或是轉機的關鍵。布倫登上世界最危險的安納浦納高峰、克朗茲（Eugene Kranz）引導阿波羅十三號安返地球、貝瑞（Nancy M. Barry）創建婦女世界銀行、克里斯帝亞尼（Alfredo Cristiani）

終結薩爾瓦多內戰等，一再印證著領導者如何在關鍵時刻引導組織脫離險境的道理。

⊙風險社會是二十一世紀的新常態

「風險社會」不僅是一名德國學者貝克（Ulrich Beck）創造的名詞，事實上，從古至今，人在風險中生存本來就是一個必然的情境。而現在企業、組織和領導人面對的生活、工作和經營挑戰則是，他們都必須在複雜的難題、有限的資源和多變的人性，以及充滿不確性因素的環境之中做出抉擇。

不確定性的升高，是我們身在二十一世紀的人共同面對的難題。全球化、資訊化、網路化及社群化把我們更緊密地結合在一起。任何一個地區的騷動，很快就會發揮蝴蝶效應，產生倍數的連鎖衝擊，而人人因行動網路連結所造成的速成文化（hurry-up culture），也使人們普遍陷於焦躁型的心理情境及衝動型的行為模式中。

政府和企業的領導人面臨的新現實是，領導統御的基本原則和實質內容（content）跟一九八〇年代沒什麼明顯差異，可是，其背景（context）的變化幅度卻不只以道里計。美國社會學者達夫特（Richard L. Daft）指出，目前領導人面對的選擇不再是絕對或純然的非黑即白或非是即否的二選一，而是一加一可能等於五或七的多重利益衝突或競合；政黨政治傾向的贏者全拿和利益分配，加上許多工會組織意識型態的攻防，又使妥協變成難事。複雜多變和衝突四起於是成為今日世界的全新樣貌，在可預見的未來恐怕不會有具體的改變。

回頭看看進入二十一世紀以來世界各地風起雲湧的政治、軍事、宗教、族群和經濟利益衝突，迷惘、迷失、動盪、混亂、危機、風暴恐怕都不足以適切形容。二〇一一年，全球政治、經濟和社會因為歐債危機而陷入巨大風暴，澳洲政府為其國家可能面臨的風險，召開內閣會議，並且繪出了如下的「國家風險地圖」，從這張涵括風險發生機率及風險損失價值相互交集的分布圖裡，世人不禁訝異，今日

世界原來充滿如此多的風險和危機。澳洲政府擔憂未來的經濟成長可能因國際貿易的遲滯而趨緩，國家外匯及財政收支進而惡化，國民所得又因各國競相採取的量化寬鬆政策，面臨通貨膨脹，以致無力照顧激增的老年族群及社會福利。環視全球，有同樣擔憂的國家何止是澳洲而已？

⊙危機的迷惑，心理的陷阱

「我們正在經歷一場相對於過去風險的結構突變。」加州大學管理學教授魯梅特（Richard P. Rumelt）說，「而潛藏重大危機的黑天鵝則經常為我們所忽視。」

結構突變是一個源於計量經濟學的術語，

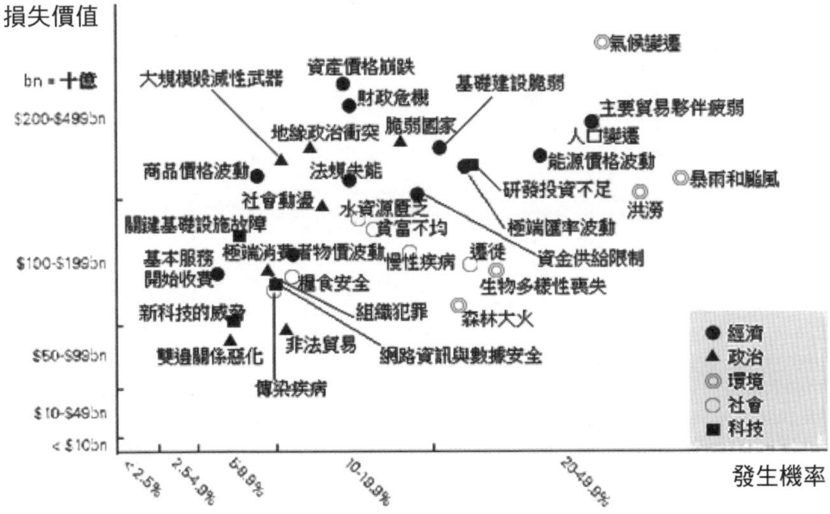

國家風險地圖

它表示在時間的序列中，趨勢和各種變量相關的因素發生相互改變的那一個時刻。

政府出現危機的徵兆，就是推動政務的模式日漸失去效率和效果，由於行政的基本結構和運作模式產生了失效和失信的顯著變化，人民越來越常聚集在政府機構的四周，高舉抗議的旗幟布條，搖旗吶喊；工商界則默不作聲，偷偷地移出資產。

法國詩人法蘭西（Anatole France）說：「不要隨意冒險就是危機的定義。」無論個人或組織，如果只是一味多慮而遲遲不敢作為，便會陷入世界知名的多伊奇廣告集團（Deutsch）創辦人多伊奇（Donny Deutsch）所說的「不敢冒險也是風險」的困境。

作為或不作為？冒險或不冒險？本來就不是單純的二分法可以劃分，這也是企業家、高階經理人及產官學知名人士面對生活、工作與事業危機時經常出現的困惑與焦慮。

美國政府與顧能集團對重大突發事件的調查，發現三哩島核能外洩、阿羅哈航空三十九號班機失事、聖海倫斯火山爆發、夏威夷希洛海嘯，以及太空梭挑戰者號爆炸，每一次災難之前總是存在著非常多的徵兆。三哩島事故發生前十八個月，位於俄亥俄州的反應爐就發生類似安全閥的問題。挑戰者號爆炸的原因，負責航天和火箭的工程師也曾多次提出警告。

⊙危機病態：自認沒病，正是要命的開始！

危機像病菌，它本來就寄居在人的身體裡，時時進行攻擊及隨時等待發病。隨時可能發病正是危機的頭號殺手，不要以為只有在你身體虛弱的時候它才會生病，在你最志得意滿的時候，它也可能引發意想不到的躁熱症，而使你的人生、職業與事業發生重大的危機。

西楚霸王項羽是危機躁熱症的典型代表，早在危機的訊號出現之前，就已經陷入因錯覺與不正確的態度，以致無法看清事實的破壞性。他從力拔山兮氣蓋世，到最後自刎在烏江邊的生涯，無論忠勇、義氣及身段都遠遠高出劉邦，寫成小說與戲劇真是何等令人動容，但這個人在事業表現及整個歷史定位上卻是道道地地的慘敗。

項羽從三千子弟兵起家，而後有百萬大軍，大有成王之勢，最後垓下之圍被劉邦的五千漢軍菁英追殺得只剩二十八騎，猶「願為諸君快戰」，痛痛快快地打了一仗，突出重圍、斬殺敵將、砍倒敵旗，在戰場上是何等的英雄氣概，在商場上卻絕對是有愧投資股東、公司員工與社會大眾的莽夫行為。

⊙危機罩門：柔性的剛愎自用

「剛愎自用」（perversity），或「剛愎自用而犯的蠢事」，在人類政治史和軍事史上從未停止過。美國歷史學家塔克曼（Barbara W. Tuchman）在《剛愎自用進行曲》一書中指出，當一個統治者不能根據普遍的習俗和理性規則而辦事，反而根據自己一廂情願，似是而非的信念而行使權力，他的權力很快就會走到「反生產」，甚至眾叛親離的方向。用學術語言來說，那就是他原本以「自利」出發，最後他的行為卻將摧毀掉他自己和社會集體的利益。

「固執是自欺的泉源，在政府事務上經常扮演重要的角色，它成了判斷情勢的一種先入為主之見，因而忽視或抗拒一切反面的徵兆，使得他完全照一廂情願的方向硬搞，而不會去靠近事實。」塔克曼說，「這種情況發生後，第一階段是自我心態僵化，等到第二階段雜音出現，他期望的目標也無法達成，他就會趨向強硬。在這個階段他若有智慧，未必不可能改弦易轍。問題在於，人們很難在自己的後院找到紅寶石。當發生這種情況，他通常都會更加自以為是和保護自我，更固執己見，最後坐等巨大的傷害以一種無可避免的方式出現。」

⊙自欺：領導人的決策陷阱

自欺是許多領導人將組織帶往危機的另一主因。自欺，又稱對自己撒謊，是領導者經常在高度困境下犯的錯誤。哈佛商學院教授泰德羅（Richard Tedlow）梳理了美國企業史上多個知名企業家自欺的案例，包括：T型車的創造者、汽車業的傳奇人物福特拒絕面對衰退事實；多家美國輪胎企業拒絕承認米其林公司推出的「子午線」輪胎帶來的威脅，從而被市場無情淘汰；大西洋與太平洋茶葉公司否認商場需求，最終被徹底邊緣化；西爾斯公司（Sears）不能正視強勁的競爭對手——沃爾瑪（Walmart）的崛起，最後被Kmart併購；IBM、可口可樂等跨國品牌公司也一度陷入自欺的困局。在這些案例中，企業的領導者面對一觸即發的危急情勢，都做出了錯誤選擇，但不能僅僅將之概括為一時的錯誤判斷。

自欺之所以頑固存在的原因是，它讓我們覺得好過一些。「寧要撫慰的假話，不要傷人的真話。」團體在危機發生時經常出現事事探測領導者意向的思維，形成了危機決策的另一陷阱。

耶魯大學心理學家詹尼斯（Irving L. Janis）曾對美國甘迺迪、詹森兩任政府在豬灣事件、越戰等外交慘敗的決策過程進行分析。他指出領導團體常常陷入團體迷思，譬如，排斥持有異議的群體成員，彼此相互吹捧，設置「思想衛兵」，以避免群體接觸到不利資訊等等。

在今天多重任務的世界中，對每一件事都投入注意力是不可能的，因而我們總是無意識地選擇自己去注意什麼。當然，這也就意味著我們始終都在無意識地選擇不去注意什麼。有時候我們把某些資訊導引到知覺範圍之外，因為它們會讓人過於痛苦或緊張，這種自欺如同麻醉劑。更常見的原因是令人不快的資訊與讓我們感到自在的假設相牴觸，而排斥這些資訊比更改我們的假設更加容易。

高階管理者戰勝自欺非常重要，他必須具備傾聽能力，因為面對權力，人們本來就不願說出真相。自欺是一種強大的衝動，但我們並非無力抵抗。只要有自知之明，能夠虛懷若谷地聽取批評，勇於接受事實以及人們質疑的觀點，我們就能武裝自己來抵禦對現實的否認。

⊙危機領導的兩心：同情心和同理心

危機經常是重大的災難事故，許多人一夜之間失去財產、生命、工作、親友或家庭，陷入深沉的絕望和悲痛。同理心（empathy）和同情心（sympathy）正是此時療傷止痛的良方。

八仙樂園塵爆事件引發國際關注，許多網友開始針對此事件討論起同理心的問題。「同理心」是「感受他人的處境」，而「同情心」則是單方面的安慰，試圖給出一線希望，卻無法讓對方感受到彼此的「連結性」。所以，「同理心能夠激發連結，但同情心卻促使失去連結」。

護理學家衛斯曼（Teresa Wiseman）認為同理心的四種特性，包括接受、認同他人觀點；不多加評論；看出他人的情緒；接著與那人交流。而同理心必須用自己心中脆弱的一塊做連結，讓對方了解「我知道這是什麼感受，你並不孤單」；而同情心則是會試圖給出「一線希望」，讓對方感受到你理解、願意傾聽，讓他知道「即使你不知道該說什麼，但你很高興他願意將心事告訴你」，才會讓彼此產生連結，讓對方的心情好轉。

實用工具

危機管理十誡

1. **不要雜亂無章**：亂成一團是沒有辦法把團隊凝聚在一起的，假如你要大家同心協力，趕緊設立一個籃框吧！
2. **不要呆坐著停滯不前**：危機管理需要行動者，不是反應呆滯的人。
3. **不要逃避現實**：不管是精神上、情感上或心理上，在危機中第一重要的安定力量是讓大眾看到決策者的出現。

4. **不要忽視問題**：假裝壞事都沒發生並不會讓危機消失，那只會讓你成為無知的傻子。

5. **不要否認明顯的事實**：否認明顯的事實是一種說謊的行為。

6. **不要試圖隱瞞**：這只會讓事情變得越來越糟。

7. **不要責難與抱怨**：抱怨無濟於事，解決問題才是重點。

8 **不要拖延**：拖延只會增加問題。

9. **不要重複過去已經做過的事**：當一些事情做錯了，重複做那些事並不是解救之道。

10. **不要放棄**：一旦放棄就不可能有成功的機會，眼前的危機正是避免下一次更慘痛事故的轉圜。

⊙ 危機領導：成功的經驗方程式

卓越的領導是決定一個事件到底是危機或是轉機的關鍵。在危機中，領導者的能力包括：正確掌握目標、設定方向、激勵團隊、取得承諾、迅速行動與保持堅定等。

面對危機，才能測試一個人或一個組織的鎮定；經過危機，才能知曉一個人或一個組織的態度優劣及價值的高低。美國賓州大學教授崔維諾（Linda K. Trevino）與尼爾森（Katherine A. Nelson）指出，危機經常在無預期的情況下發生，一個人與一個組織會在其處理危機過程中展現「真正的顏色」。二十多年處理危機的經驗中，親身看到許多勇於任事、敢於挑戰、精於管理、圓熟溝通的經理人因危機而晉升的情景，使我們對此結論深有同感。

策略的精義是，系統性地思考個人和組織所擁有的資源，並把它擺在最適當的位置，以創造最佳的經濟效益。而要將策略發揮到最佳效益，必須先對環境中存在的機會、威脅，及組織所具有的優勢、劣勢先有充分洞悉。

面對二十一世紀複雜多變的危機本質和特色，我們必須先對下圖所示的危機成功處理新模式有宏觀又深入的洞察。處理當前危機，必須財務資本、智慧資本和社會資本兼具，而且電腦網路、心智網路及社會網路都有，並且相互進行內外兼具的互動合作。

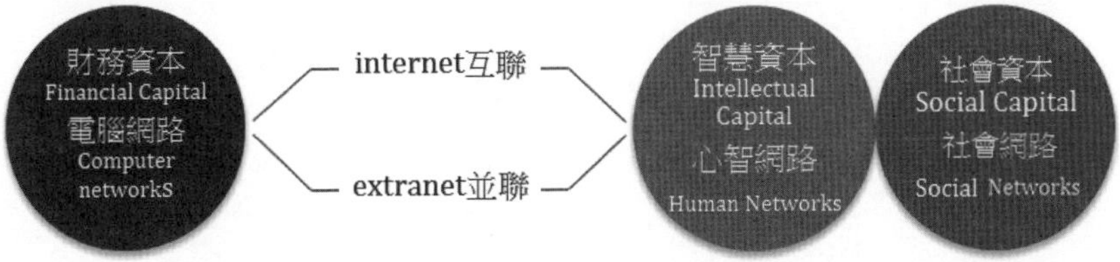

個案啟示

紐西蘭政府擦亮危機領導形象：恆天然毒奶粉事件

二〇一三年七月底，紐西蘭最大乳品公司恆天然（Fonterra）嬰兒奶粉驚爆驗出含肉毒桿菌，引發全球消費者恐慌，導致所有旗下產品從中國、澳洲以至中東和東南亞地區下架，俄羅斯和斯里蘭卡也禁止部分恆天然產品進口，以至於紐西蘭在世界市場建立的「純淨、天然」形象遭到重創。八月二十八日，紐西蘭初級產業部代理部長蓋拉契爾（Scott Gallacher）在國際記者會中宣稱：「我們找國內外實驗室進一步檢驗，尋求最健全的檢驗結果。科學家利用多種檢驗方法，結果顯示所有肉毒桿菌檢測皆呈現陰性反應。」這項聲明，終於讓其奶粉在國際市場中發揮止跌的效用。

紐西蘭初級產業部說，實施一連串檢驗，證實在恆天然奶粉中的那些菌屬於梭狀芽孢桿菌（clostridium sporogene），而非原先指出可能致命的肉毒桿菌。紐西蘭初級產業部並聲明，梭狀芽孢桿菌就目前所知，不曾造成食品安全問題，但如果特定菌株含量過高，可能造成食物腐壞變質。恆天然集團初步檢驗結果誤將菌種指為肉毒桿菌，紐西蘭初級產業部將迅速提供各國主管機關這一百九十五次完整的檢驗報告。

迅速撫平恐慌的管理措施

風險和危機是今日世界的常態。美國管理大師芬克斯坦研究五十一家跨國企業重大失敗的原因，發現其中包括：一、高階主管的錯覺，讓公司無法看清事實；二、不願正視問題的態度，讓錯覺繼續掩蓋事實；三、溝通系統出錯，無法及時處理緊急問題；四、官僚化的領導體系，使高階主管無法糾正自己的錯誤。如此周而復始，使組織陷入高度的風險之中。

乳製品是紐西蘭最主要的外銷品，面對連續爆發多起乳製品原料受汙染或超標的事件，紐西蘭政府緊急開展了一系列措施，外交部長麥卡利（Murray McCully）到最大的外銷市場——中國訪問，並於記者會上表示，將針對事件來龍去脈及亟待解決的問題，在十天內公布事件調查結果，並給消費者滿意的答覆。

不推諉、不逃避、不責難

態度和行為決定危機處理的成敗。紐西蘭總理約翰．基（John Phillip Key）宣布，政府將成立一個部長級調查委員會來徹查恆天然集團乳製品遭肉毒桿菌汙染事件。議會將通過相關立法，以便調查委員會有權傳喚證人，有權要求相關公司、政府部門和其它機構交代相關資訊。負責食品監管的紐西蘭初級產業部當日也宣布，該部正在對恆天然乳製品遭肉毒桿菌汙染事件進行調查，重點是調查涉事各方是否遵守了《食品法》和《動物食品法》的有關規定。該部也將調查自身是否存在監管缺失，以便從中汲取教訓。

經濟發展部長喬伊斯（Steven Joyce）說，已派官員到恆天然集團設於紐西蘭和澳大利亞的機構，以確保這家乳業巨頭就汙染事件向公眾提供準確資訊。恆天然受汙染產品中，大約九〇%已經找到，並將借助恆天然的產品追蹤紀錄，確定其餘受汙染產品的去向。

開誠布公，透明以對

將民眾的安全和健康擺在第一位，是紐西蘭政府處理危機時不變的原則。二〇〇八年八月中國三鹿嬰兒毒奶粉事件，紐西蘭前總理克拉克（Helen Clark）其實是結束此次毒奶事件的功臣。當她獲悉三鹿毒奶事態重大，立即召開資深內閣部長會議，並決定：一、讓駐華大使直接出面與中國政府交涉；二、命令食品安全局照會其它有關國家，向國際社會公開三鹿毒奶粉的資訊；三、準備向聯合國投訴。她強硬的態度和做法，才使得受汙染毒奶粉下架及召回，避免更多幼兒遭到毒害。此次紐西蘭政府的態度和行為並沒有因為「恆天然」是本國公司而姑息。她嚴厲批評恆天然延誤通報，甚至指責恆天然的處理手法與二〇〇八年三鹿毒奶事件幾乎沒什麼不同。

當機立斷，緊急下架

在美國，食物出事的情形其實也層出不窮，召回下架好像是家常便飯。舊金山最有名的是一九九六年發生的奧德瓦拉（Odwalla）新鮮果汁下架事件。當時，奧德瓦拉的鮮榨蘋果汁被發現有大腸桿菌，在美國西部和加拿大造成六十多人腹瀉、十多人住院，並導致一名一歲半的兒童死亡。

奧德瓦拉公司的反應速度極快，在接到政府通知後的四十八小時內，全面召回含有蘋果汁和胡蘿蔔汁的產品，涉及七個州的四千六百家零售商，價值六百五十萬美元。奧德瓦拉公司高層主動發布新聞，回答所有的問題、及時公布調查結果。奧德瓦拉公司雖然被政府罰款一百五十萬美元，創下美國食品藥物管理局（FDA）罰款的最高紀錄，但它展現的「透明度」不僅保住了公司信譽，還得到了市場認同。

「危機包括兩個意義，一是危險，一是機會。」美國前總統甘迺迪如此解釋領導人在危機中應有的高度思維。處理情緒、發掘意義和找出機會是危機領導的三個基本功。處理情緒是心平氣和地面對問題，不被別人販賣恐懼的手法所激怒；發掘意義是以敏銳的眼光洞悉問題的本質和成因，和它對組織的意義和衝擊；找出機會是正視危機乃轉機或惡化的分水嶺，學習紐西蘭政府處理毒奶粉事件的正向思維精神，永遠積極，永不忘棄。

實用工具

危機領導能力檢核表

危機是領導英雄的最佳舞台。時勢的燈光，打在他的身上；他乘勢而起，扭轉乾坤。這是一位成功掌控及扭轉危機的英雄人物。另一些人則在危機之前飄移不定，徒讓危機演成風暴或海嘯，導引危機的擴散、激化和惡化，令人扼腕。

關於危機領導的成功要素，我們整理政府組織和民間企業危機事件的處理經驗，並且廣泛參考國際危機管理名家的著述，同時考量當今認知行為、社會心理和行為經濟觀點，歸納出下列三識、三量、三性的危機領導能力檢核表，供讀者當作處理危機時的提醒。

要素	指標	案例
知識	熟諳管理 目標導向 信任授權 知人善用 創新多元	心理治療大師傅朗克（Viktor E. Frankl）：「第二次世界大戰，在納粹集中營裡那些少數能夠存活下來的，都是能在困難中找到生命意義的人。他們靠著明確的目標努力奮鬥而活了下來。」 杜蘭大學校長柯文（Dr. Scott S. Cowen）面對二〇〇五年颶風卡崔娜，災害發生後的一星期就做出五個月後要重新開放的決定，當時並不確定是否做到，但面對災難時必須如此，決策要快、建立信心，並加強溝通。

要素	指標	案例
膽識	勇於任事 拒絕屈從 明快果決 獎賞分明 蓄勢待發	美國已故總統尼克森：教授們可以想入非非，鑽進荒唐可笑的學問堆。當權者卻必須牢牢盯著後果、影響和效益。領導人是跟具體事物打交道。 艾克森美孚石油在一九八九年的瓦爾迪茲漏油事件中，因為給了不實的資料而吃了大虧。美國聯合碳化物公司在印度博帕爾毒氣外洩事件中，雖然造成二千多人死亡，但是告訴大眾事實的做法，卻為它在後續處理時取得許多的信任。
肚量	開誠布公 傾聽事實 權力無私 尊重員工 施捨有福	福特汽車創辦人錯殺信使事件：公司高層坎斯勒（Ernest Kanzler）決定進諫，他也是福特獨子的妻舅。但當他向獨攬強權的福特說出真相後，卻被解雇了。到二戰結束時，福特公司已經瀕臨破產。福特（Henry Ford）的自欺，徹底葬送了福特公司的產業龍頭地位。
雅量	察納雅言 誠實信用 探索可能 知所變通 樂觀積極	全球知名管理顧問希克斯（Greg Hicks）：危機領導人共通的快樂行為模式是，個性嚴謹，但能贏得部屬認同，認為自己受到尊重及賞識，因而甘心賣命。 杜蘭大學校長柯文認為，當一個領導人應該有遠見，且要將遠見和目標化為可執行的計畫；領導人需要激勵和啟發周邊的人，甚至讓他們做到自己原本覺得做不到的事；好的領導人需要跟人溝通，但最重要的是，要做出成果。好的領導人一定要正直，且讓人信任，因為要常常做出困難的決定，一定會樹立敵人。

要素	指標	案例
理性	沉著穩健 系統思考 注重價值	智利礦災工頭鄂蘇亞（Luis Urzua）跳出來喊話，告訴大家若無法團結一致，為生存而奮鬥，就只能相互爭吵，在分裂中等待死亡。為了生存，眼前要解決的是食物和飲水問題。他馬上把方才吃剩的午餐集中，加上避難所的緊急食糧，礦車上的一小壺水，全部公平分配。每四十八小時，每名礦工只能吃兩小匙罐頭鮪魚，一片口糧，兩口牛奶。雖然食物只有一點點，鄂蘇亞仍規定，必須等到所有人都領到食物，大家一起開動，不准任何人先吃。嚴格而自制的食物分配使礦工熬過最難熬的前十七天，讓他們撐到八月二十二日，救難人員發現他們還活著。 鄂蘇亞知道，為了活下來，除了等待地面救援，他們還有很多事要做。首先得蒐集資訊，提供救難人員參考。他把礦工分成三個小組：「一〇五小組」負責巡邏礦坑，勘察地形並注意任何變化。「坡道小組」監測坑內空氣品質和濕度。「避難所小組」負責整理棲身處，並領取、分配地面傳來的補給品。
感性	心智圓熟 熱情洋溢 紓壓解困	美國前紐約市長朱利安尼（Rudy Giliani）面對九一一恐怖攻擊，表示：我們將會重生，並展現更強韌的鬥志。我要紐約市民成為美國，以及全球的一個典範。恐怖主義無法將我們擊垮。

第2章 危機鳥瞰：當危機突然來臨該如何處置？

「世事的起伏本來就如波浪。人們若能乘著高潮勇往直前，就可功成名就；要是不能把握時機，就會終生蹭蹬，一事無成。」

——英國劇作家莎士比亞，《羅密歐與茱麗葉》

如果無法想像一片小小的膠帶，竟然可以造成七十條生命與七千五百萬美元的財產損失，甚至讓航空公司宣布破產，看看《國家地理頻道》的〈祕魯航空六〇三號〉紀錄片，就有答案了。

十年前一個漆黑的深夜，祕魯航空六〇三班機起飛後不久，就發生電腦系統異常狀況。「爬升！高度一直在下降！」正駕駛史萊佛依據自己看到的數據，指示副駕駛費南德茲趕快拉高。但是，正、副駕駛間的數據互有矛盾，都無法正確判讀出飛機的高度與速度。兩個人在沒有月亮的夜空，以及一堆相互矛盾的數據間掙扎，僅能依靠地面塔台引導降落。

「高度是一萬零七百尺。」塔台把看到的數據，回報給飛機駕駛。殊不知，飛機電腦傳送給塔台的數據，也是錯的。當時，飛機的正確高度距離海平面已不到三百公尺，還不到台北一〇一的高度。「快拉高，我們要墜機了！」等到正副駕駛發現飛機真實狀況後，已來不及挽回！

追究六〇三班機的失事原因後發現，飛機上用來偵測艙外大氣壓力，以判斷飛行速度與高度的靜壓口，居然被一片膠帶封住了。那是清潔工在清洗時所貼上去的，起飛前，卻沒有任何人發現這個異常。因此，飛機起飛後，電腦無法根據流入靜壓口的氣壓大小，來提供飛機正確的高度與速度，使得駕駛員只能在夜空中盲目飛行。

馬來西亞航空、世界足球總會、麥當勞、英國特易購、影星比爾·柯斯比、臉書、優步、國家美式足球聯盟、索尼、通用汽車，這些全球知名的機構近年都曾出現危機。社群網路的毒舌天

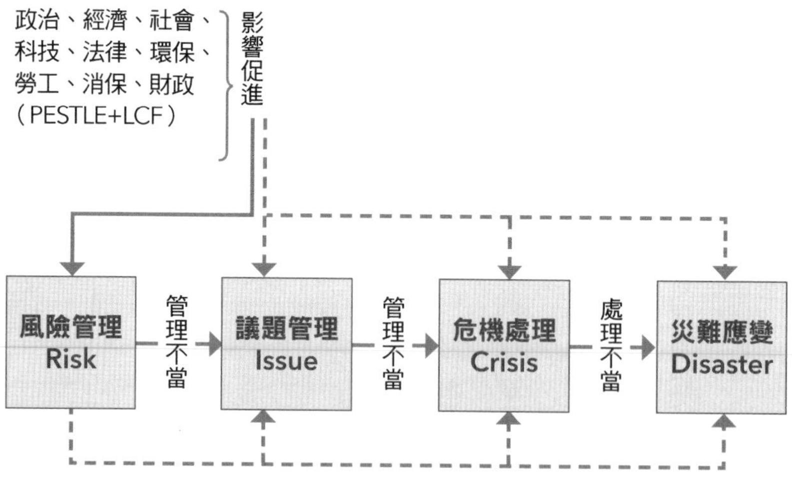

議題／風險／危機／災難變動鏈

天都在找尋抨擊的話題。

對今日世界而言，危機的問題不是一個組織是否會經歷危機，而是到底哪一種類型的危機即將發生？它將對組織造成怎麼樣的衝擊？它將如何發生？又將在何時發生？

美國南加州大學危機管理中心主任米特羅夫（Ian I. Mitroff）說：「有些危機是無法避免的，無論你有多麼充分與完善的準備。」二〇〇八年世界金融海嘯對全球經濟所帶來出奇不意的巨大衝擊，就是一個絕佳的事例。

但是，值得大家注意的是，有些危機固然無法避免，但眾多學術或實務的研究都清楚顯示一個事實：「危機發生時，那些有準備的企業或組織處理妥善的程度，要比那些沒有準備的好太多。」米特羅夫因此強調，事先準備對處理危機而言再重要不過。

⊙ 危機到底是什麼？跟轉機有什麼關係？

危機沒有一個世界共同的定義，不過大家普遍認定的危機的構成要件是：一個會摧毀或影響整個組織的事件，而這種事件將對組織及其員工、產品、服務、資產和聲譽造成巨大的損害。

英國危機管理專家雷吉斯特（Mike Regester）說：「危機是一種能夠使企業成為新聞媒體與其

它社會團體關切的焦點，包括消費大眾、股東、勞工、社區及政治人物。」

本書列出的下列「議題／風險／危機／災難變動鏈」，完整說明了危機的起源與其可能的變動。如上述危機的定義，危機能夠使企業成為新聞媒體與其它社會團體關切的焦點，包括消費大眾、股東、勞工、社區及政治人物，因為它一開始就是緣於對「外部環境」或「內部因素」的管理不善所致。內部因素，例如生產、財務、研發、人事、投資與業務的管理欠佳是企業危機的根源，而外部環境，包括政治、經濟、科技、法律、環保、勞工、消保、財政等政策變動議題的疏忽，則是造成企業危機的直接原因。

風險是潛在的損失因子與威脅，例如大海中的礁石或海底下的冰山，管理不當會產生災害（Hazard）和事故（Peril）。

議題（Issue）是什麼呢？議題管理的定義就是「企業針對那些可能對其帶來重大影響的政治、社會、經濟、科技、法律和環境生態議題做出確認、評估和回應程序」。

企業需要管理議題的主因是，它被傳播媒體與社會團體認為「應該如此」處理，或處理到某一種為倫理、法律普遍接受的程度；但是它的「實際情況」卻不是如此，這樣應然與實然的相當差距，就成為企業應予處理的議題。

舉環境議題為例，一九七一年，歐洲剛興起使用不可回收的飲料包裝，生態保護問題還沒有成為各方矚目的焦點；但從一九九〇年代開始，全球開始重視到它對環境造成的衝擊，而開始立法徵收資源回收基金，或以配額逐年限制使用。如果相關業者不能及時注意到世界此一環境議題的轉變，日後營運一定會遭受重大的危機。

議題管理不佳的結果，就直接導致企業或組織的危機（Crisis）。危機產生時企業或組織的營運或存續，就會陷入嚴重不利的負面情況，緊接下去則產生兩種不同的結果，一是處理得好，變成轉機；一是處理不好，變成災難。

一九八二年嬌生公司處理「泰諾」止痛膠囊中毒事件，將大眾安全和顧客利益擺在第一，同時當機立斷讓產品下架，並在第一時間通知醫生、醫院和經銷商停用，寧可自己承受巨大損失的精神，贏得政府、社會和輿論的高度讚譽。

2016年亞太地區十大商業風險統計

十大商業風險	2016	2015	增加趨勢
1.商業阻礙（供應鏈斷裂）	56%	42%	上
2.市場遲滯（競爭激烈、動能不足和市場低迷）	55%		上
3.天然災害（風災、旱災、地震）	36%	34%	下
4.總體經濟環境變壞（通貨膨脹、物價上漲、清貧計畫）	35%		上
5.網路侵害（駭客事件）	32%		上
6.形象品牌價值	26%	23%	下
7.法規變動（經濟制裁、保護主義）	25%	10%	上
8.火災、爆炸事故	20%	25%	下
9.人才缺乏、老年勞力	14%	13%	下
10.政治風險（戰爭、恐怖主義、街頭抗爭）	12%		上

⊙哪種風險／危機最可能發生，且成長最快？

根據跨國商業計畫和研究組織（Business Planning and Research International）的定義，商業風險主要包括：信譽風險、法令風險、人事風險、資訊風險、市場風險、信用風險、國家風險、財務風險、恐怖主義風險、外匯風險和天然災害風險、政治風險和犯罪與人身安全風險等十三項。安聯人壽（Allianz）對二〇一六年全球商業風險，邀集了世界四十幾個國家的八百多位專家所做的調查，預估亞太地區前十大風險項目及其變動趨勢如上頁表。

針對二〇一六年後十年全球可能發生的重大危機，世界經濟論壇（World Economic Forum）的調查顯示，國家和地區間的衝突將會上升；而氣候暖化、水源危機和失業問題也將一直引起世人高度的關注；駭客攻擊的高度風險居高不下；傳染性疾病蔓延全球的速度也將增加；大量毀滅性的武器威脅日益升高；已經延續多年的國家財政金融危機恐怕難以短期解除；同時，大型的恐怖攻擊事件可能顯著升高；糧食危機隨氣候暖化快速惡化；所以這些危機因子使得社會更加動盪不安。

動腦時間

危機的動態和系統結構

風險演變成為議題和危機的路徑，是一個動態而且複雜的連續過程。當風險累積的負面動能超過組織的管理能力和資源能量的負荷，組織就會陷入巨大的損失或營運中斷的危機。

正視每個問題的存在，才是因應短暫優勢的必備思維。如果能夠穿越時空，回到iPhone才剛上市的二〇〇七年，去路上隨便抓一個路人告訴他說：「到了二〇一四年，諾基亞這個品牌將會消失，而剛上市的iPhone會變成世界第二大智慧型手機。」人們當時一定會露出不屑的表情。因為二〇〇七年底，諾基亞在手機市場有將近四成的市占率，而iPhone的市占率，直到二〇〇八年底，也才只有一．一%。

但是，二〇一四年遭微軟併購之後，諾基亞的手機品牌，也在二〇一五年正式畫下句點。而蘋果手機已是全球智慧型手機占有率第二高的品牌，新推出的iPhone 6讓使用者瘋狂搶購，許多預購的用戶還經常領不到新手機。

危機是怎麼產生的？又是怎麼發生的？本書倡議的動態立體結構，是從「動態立體」和「系統平衡」兩個主要視角來剖析。在動態立體部分，它由時間和空間構成；在系統平衡方面，則由系統和人所組成。

構成	指標	預警	辨識
時間	連續性發生 重複性發生 爭議性發生	在一定時間和場域內發生異常頻率或爭議之強度達可受社會公評，即成為議題，而其實然和應然的差距超過二〇%，進入危機警戒區。	表面徵兆 真正問題 把時間和空間的問題放在系統裡面思考分析 系統的安全性、經濟性和透明度的認知和信念
空間	不公平產生 不正義產生 不均衡產生	不公平、不正義、不均衡的差異程度超出社會主流期待	差距超過二〇% 實然和應然
系統	風險心理因素 決策行為因素 組織行業因素 思考方法因素	接近造成實質或心理損害或組織功能性的停擺。系統涉及組織及生態兩個族群。	
人	抗拒心理 不安心理	非理性反應	群眾心理、認知心理、行為經濟

危機從動態立體的時間面向來觀察，若在一定時間和場域內發生連續性、重複性、爭議性的頻率及現象增加，即應加以預警，並立即追蹤它的成因和剖析真相。從空間面向來觀

察，如果有不公平、不正義、不均衡的現象發生，而且離社會主流價值的應然標準及客觀期待超過二〇%以上的差異，也應及時列為危機警戒範圍。

前總統馬英九在二〇一二年執意施行的油電雙漲，是危機動態演變的代表事例。它在時間和空間面向分別產生的危機因子，從時間的視角，有不當時間的快慢（失時、失序）；從空間的角度，有不當決策的大小（失策、失速）；從系統的立場，有不當均衡的有無（失衡、失義）；從人的心理角度，有輕忽抗拒和不安心理風險的缺失。四者交互迭加，終於使得馬英九的民意滿意度遽降，跌破三〇%。而其決策從時間和空間面向產生的危機問題如下表所示：

危機決策的時間面向

時間面向1 二〇一二年四月油電雙漲的時間面向和其行政意義	對於五二〇總統就職新任期而言，雖然新內閣為行政院長更替，但對憲政意義而言，五二〇之前是為看守內閣
時間面向2 對中油和台電存續之法律意義	因為油電十六個月凍漲所對中油、台電所造成的營運虧損，進而危及其法人存續的時間關鍵點

時間面向3 對穩定物價和通貨膨脹的時間意義	因油電連續調漲將產生的民眾心理預期、連鎖反應和時間效應

危機決策的空間系統

空間系統1 何時該做些什麼？	假如要做，哪個時間開始？要做何準備？ 假如現在不做，應趕緊做些替代措施？ 現在握有那些政策工具或籌碼，以降低負面衝擊？
空間系統2 如何做？	要做的執行速度及幅度如何？有何標準及依據？ 如何維持政策目標和行動策略一致？
空間系統3 如何掌握組織行為和群眾心理反應？	如何閱讀民意趨向？ 如何掌握民心向背？ 如何因利勢導？

系統思考帶領人從片段到整體，從微觀到巨觀，從靜態到動態，從單向因果到雙向因果等，透過不同層次的思考，培養人觀察更長期、更根本、更全面的系統。二〇〇二年諾貝爾經濟學獎得主康納曼的前景理論和許多行為經濟和認知心理學者，近年對高度不確定情境下人的行為模式有相當深入的剖析，值得大家在做危機決策時參考。

⊙危機徵兆：遠離紅色警戒

戰國時代的名醫扁鵲與魏王一段醫術高明與否的對話，是危機處理的一大智慧。

扁鵲因醫術高明而功名顯赫。魏王有次問他：「你是神醫，名震天下，聽說你兩個兄弟也是醫師，但他們為什麼沒有名氣？」扁鵲回答：「我們兄弟三人以大哥的醫術最高，因為他能防患於未然，他看人的氣色就能用藥把人的身體調好，絲毫不傷人的元氣；二哥能治病於初起之時，也就是小病的時候將它用藥治好，元氣可以馬上補回來。我比他們都差，我看一個人的病，要等到他發出了大病，病入膏肓、奄奄一息了，我才下重藥，讓人起死回生，但此時他已元氣大傷。」

《易經。坤卦初六》：「履霜堅冰至。」正是洞察危機在先的最佳事例。下雪之前地面一定先會結霜。洞察危機徵兆就要像出門踩到霜一樣，心裡就要知道天就要快下雪了，而且離結冰的日子也不遠了。

《易繫辭下》指出：「幾者動之微……君子見幾而作，不俟終日。」非常細微的徵兆叫做「幾」，君子一定要能主動察覺危機的細微隱密，而且立刻採取及時行動，不能整天坐以待斃，才能趨吉避凶。

實用工具

危機的八大演變階段及處理程序

危機的動態時勢與決策定位，是處理危機之時需要立即掌握的。我們根據經驗，發展出一個簡易可行的3P程序。首先，在源頭（Process）部分，做法上側重防守，找出引發危機的真正原因，而且著重民眾的真正期待和需求。在資源運用（Path）部分，著重進攻，充分運用處理危機的可用資源，也確實執行行動對策。在定位（Position）部分，著重定位的高度和眼界的廣度，執行符合職業倫理和社會主流價值的善益理念，以贏得民眾正面的肯定和反應。

美國南加州大學危機管理中心主任米特羅夫、教授哈林頓（Katharine Harrington）與北加州大學教授皮爾森（Christine Pearson）在《管理企業危機指南》一書中，將危機管理區分成如下的八大階段：

第一階段，預測危機影響：一些危機可能對你的組織產生影響，包括企業信用及形象的威脅；財務的危害；對顧客、員工和附近社區健康的威脅；引起法律訴訟；怠工事件；產品缺陷；意外事故與其它等。

第二階段，管理傳播媒體：危機發生時，處理危機事務本身與對媒體保持立即反應，都是當下的兩大要務。媒體在極短的時間內都期待獲悉下列訊息：

危機的原因是否為企業的過失？如果不是，你如何知道它不是？

你的組織將如何處理此一情況？不管它是不是組織的過失，而如果是，你的組織又將如何特別處理？

你的組織如何在第一時間獲悉危機的發生？又如何在當時緊急處理？

危機發生之前有無任何警訊？如有，你的組織立即採取那些預防措施？

如果無警訊，又無採取任何預防措施，為何沒有？

第三階段，危機處理組織立即上線：危機團隊成員除了執行長外，還應包括法務、財務、業務、生產、安全、公共事務、人事與其它與危機有關的主管。

第四階段，優先處理受傷人員：優先處理受傷的人員、動物和遭到汙染的環境，是所有危機處理的要項。艾克森美孚的瓦爾迪茲油輪漏油事件中，董事長羅爾（Lawrence Rawl）說：「你說我們的汙染殺死了一些鳥，但是，非常抱歉，我們正在盡力而為。」他的發言遭致各界強烈批評，絕非意外。

第五階段，發生什麼危機？在這個階段要釐清的是：

1. 危機的真正類型及種類。

2. 有無事先預警。

3. 危機產生的原因。

第六階段，降低損害與復原：每一種危機降低損害及復原的方法都有所不同，例如：社區要不要隔離？何時可讓他們回去？生產製造、行銷管道、物流通路要不要重建等，都必須及時按個別情況另作管理。

第七階段，媒體溝通與政策溝通：新聞媒體是向外界說明危機原因及它如何被處理等關鍵資訊的最佳管道。社會各界都想立即知道相關變動，而政府行政部門也必須被即刻告知你的組織的關鍵決策等資訊。

第八階段，危機處理結果：你的組織是將危機處理成轉機，還是釀成另一個災難？你的組織的形象變成是一個英雄、受難者或是無賴流氓？

危機處理的結果不是一加一等於二，而是處理得好，將產生一乘N倍數的正向效果；但處理得不好，則是一乘零的極差負面效果。而且值得大家注意的是，不會因為某一項處理得好，就可以取代處理不好的部分，所以危機處理絕對要面面俱到。

組織危機準備妥善程度測試表

問　　題	是	否
1.我們的組織具有評估潛在危機所可能導致損害的型態與種類的必要能力		
2.我們的組織擁有處理任何可能損害的必備能力		
3.我們組織的評估系統或企業文化能讓我們將迅速處理損害列為優先項目		
4.我們組織讓我們能輕易忽視或否認危機的存在		
5.法律的考量不會使我們忽略倫理及人道的關懷		
6.我們組織擁有能夠快速組成又能有效決策運作的專業危機團隊		
7.我們組織具有調查和評估下列情況的能力 A.任何可能產生危機的精確型態及本質 B.對任何可能危機的早期警示徵兆 C.此一危機訊息將被限制或忽視 D.精確評定個人、組織和技術危機的原因		
8.我們組織具有適切設計、經常維持和定時測試可能損害的系統		
9.我們組織有生產製造和電腦資訊配套設施，以使一旦面臨危機時能盡速正常運作		
10.我們組織具有復原機制，以使企業及工廠能夠全盤繼續營運		
11.我們組織具有復原機制，以使鄰近社區和環境盡速回復常態		
12.我們組織具有與政府、媒體與利害關係人有效溝通的能力		

附註：本測試如果答「否」的數目超過兩個以上，不但顯示你的組織可能將有危機發生，而且不具有妥善處理危機的能力。

資料來源：Ian I. Mitroff, Christine M. Pearson, And L. Katharine Harrington, "The Essential Guide to Managing Corporate Crises", 1996.

個案啟示

做最壞的打算：遠通電收ETC危機

交通部與遠東電收公司有關高速公路電子收費系統（ETC）的BOT案，是一場巨大的法與政、公與私的糾纏，牽涉議題甚多，危機處理過程也高潮迭起……

衝突背景

二〇〇六年三月二十二日，遠東集團旗下的遠通電收公司正值生死存亡的關鍵時刻。遠通與交通部的ETC之爭到了劍拔弩張的程度，隨時就會破局。

ETC建設被政府視為台灣未來「數位台灣、智慧交通」的希望，不只能夠帶給全體國人高效率、高品質的用路方便，更能帶動台灣數位、光電、資訊、通訊與金融服務等多項策略科技產業的發展。

遠通電收一年前還高高興興地慶祝打敗七家強勁對手，取得交通部高速公路電子計票ETC系統二十年的營運權，如今卻面臨因為E通機電子計費器（OBU）計價、服務據點及回饋方案與交通部出現重大歧異，立法院、消基會與大部分媒體的反對聲浪，也一波波衝著遠東集團襲捲而來，令董事長徐旭東感到心力交瘁。

當時新任的交通部長郭瑤琪揚言，不惜與遠通電收攤牌。曾任台北縣長的行政院蘇貞昌，雖與徐旭東有數面之緣，卻拒接遠通電收電話。負責銜命代表官方折衝的交通部次長蔡堆接受媒體訪問時指出，政治環境讓ETC無法解套，高公局與遠通都極力主張最大利益，合約綁得太死，反而壓縮了用路人的權益。

徐旭東、集團高階幹部與外界顧問，為了ETC已與交通部對陣幾近三個月。高階幹部及外界顧問強烈建議，遠通如果遵照交通部建議讓E通機免費，不出半年即將面臨資本虧損近半的困境，而且如果今後不能調整委辦費，十年內營運難有盈餘，加上大股東紛紛表示反對，其它集團合作投資人也擔憂此一事件處理不當，將損及其企業形象，多主張不惜退出經營，將ETC歸還政府。

ETC是交通部高公局委託民間BOT建置、營運與移交的重要交通建設。它從公開投標開始，就因為各家有電訊資訊背景的大廠搶標，加上民意代表介入的謠傳不斷。檢調單位調查，也似乎發現民間業者及官員不法的情事，因此這件ETC建置案一開始就飽受各方爭議。

危機處理過程

1. 做最壞的打算，不惜歸還ETC，請政府接手經營

三月二十二日，董事長徐旭東赴行政院溝通前，即與高階主管和外部顧問團隊進行了多次會議。他們分別從政府政策、社會觀感、媒體反應、營收財務、法務公關等多方觀點及立場，進行了詳細的分析及建議。最後由他拍板確定「遠通提無償捐贈的三項公益方案，建請政府接管ETC」方案。當天早上，他再度邀集重要幕僚及外部顧問開會，做行前最後的討論及諮詢。

下午二點，出發前他一一向重要幕僚及外部顧問握手致謝，也詢問了記者會準備狀況。一位高階幹部怕他到了行政院又改變主意，還再次提醒他絕對不要受於官方壓力，超越企業所能忍受的最大公益底線。

針對行政院與交通部要求的ETC公益方案，遠通電收的說法是：經過優先考量國家、社會與民眾三方的利益後，決定建請由政府接管；遠通願意無償捐贈價值逾新台幣十八億元ETC的全部系統設施與資產設備，並退回現有十二萬客戶的OBU每台六百八十元的費用，且免費協助政府順利進行接管階段的轉移工作，以使國家這項國際級智慧型的重大交通公共建設不致中斷。

日本前內閣總理大臣安全官佐佐淳行以「有價值的浪費」（Valuable Wastes）來形容，處理危機時若有最壞的打算，反而有最大的機會產生最好的結果。

危機的產生往往是過於樂觀，危機發生後還一切往好看，災害恐怕就不遠了。佐佐淳行以他多次負責美國總統訪日的安全警備計畫為例，他說由於每次都有「做最壞打算」的心理準備及計畫假設，所有一切可能的暗殺相應預防措施得以完全布署。

遠通電收在與政府談判ETC案的過程，最為關鍵的轉折就是「做最壞打算」。由於有了最壞的打算，反而心寬視廣，能夠神智清楚與有為有守地面對一切衝擊與壓力。

2. 提供具體事實與數據，向大眾說明

針對此次交通部公益方案最為關鍵的「免費OBU」，徐旭東解釋：

> 政府提出要求遠通電收公司無限期免費提供OBU的「公益方案」，除非政府願意相對提供調整代服務費等配合措施，否則它將造成的高達三十九億財務負擔，不是企業所能承受；要永遠無償免費提供OBU，只有國營企業與非營利機構才能夠執行。因此，遠通經全體法人股東同意，採取無償捐贈的三項公益方案，也期待政府能夠慎重考量，共同創造「數位台灣、智慧交通」的新未來。

徐旭東並強調，目前這個台灣智慧交通的新生兒已經學會走路，也將開始邁開步伐，身為ETC的建置廠家，遠通對它的未來發展深具信心，實在不忍心看到它因此夭折，也不願意看到三百多家協力廠商及投入ETC案的數千合作夥伴歷經三年努力的成果，因本案的終止而付諸東流，而全體消費大眾的權益，遠通一定充分照顧。

3. 行動目標：集團形象為重

針對行政院蘇院長對ETC指示的三原則：台灣的E化交通要繼續進行、民眾的權益一定要保護、弊案也一定要追查下去。遠通公司強調，完全尊重蘇內閣的決定，也為了不讓立意良好的ETC建設成為新內閣施政的包袱，建議政府接管營運，遠通電收願意完全配合，同時也全力支持檢調單位繼續深入追查弊案，還給遠通的四大股東清白商譽。

徐旭東強調，遠通之所以做這樣的決定與建議，是基於兩個最重要的目的，一是不忍心看到這項重大公共建設無法繼續，二是要充分履行遠通保障消費者權益的承諾。

保障消費者權益部分，遠通重申是正派經營的企業，時時以保障顧客權益、維護民眾利益為重。不論政府對日後ETC的最後決定為何，遠通一定履行原有一切保障顧客的承諾，他並對過去社會大眾的支持、諒解與照顧，深表謝意。

行政部門讓步，遠通維續經營

交通部與ETC得標廠家遠通公司於三月二十四日就其BOT合約存續或修訂的談判，獲得三項重大決議：

交通部重兵出擊，逼得標廠商再做讓步，將營運模式調整至公益所能容忍的最高標準。

交通部重新取得價格核決權，並每年審議，維護民眾最佳用路權益。

交通部並保留法律追訴權，待司法判決，仍擁有終極處理權，政府權益獲得充分保障。

綜合分析

綜合而言，此次蘇內閣充分掌握「台灣E化交通不能停、民眾權益要保護與弊案一定查到底」的大原則，在司法就ETC的甄審尚未有最後判決前，先行保留司法問題，集中全力於維護國家E化交通及民眾權益，實為智舉。蘇內閣勇於任事，善用公益方案，不惜取消合約，強烈要求廠家，才能獲得此次「等同全面OBU免費」的結果，非常不易。

政府原先所提「公益至少等於全面OBU免費」之要求，先不論其引用的行政公法是否適宜，全面OBU免費超出原BOT合約內容，政府強烈干預OBU價格亦不符自由經濟市場機能，何況得標廠商之OBU售價已為成本之一半，全面OBU免費因數量高達九百五十萬台，不分民眾需求之多寡，認為一律免費供應，將造成國家及社會資源的浪費及誤用，行政作業上也很難防弊。蘇內閣在最後關頭就事論事、敢於回頭，不愧「做實事」風格。

遠通電收部分召集集團高階幹部及外部顧問組成危機處理團隊，從法務、公關、業務、財務、工程等各個角度，理性提供處理對策，特別是對其關鍵議題有深入的分析，對行動策略與方案也有全盤的掌握亦是成功關鍵（參閱附件）。

收尾動作

不論如何，因為結果與政府公益方案所提至少ＯＢＵ應該全面免費的要求有所差距，致使社會各界普遍產生期望落差。遠通電收危機處理團隊預期，部分委員更將善用國會議事與質詢職權，對行政院、交通部施加壓力，此舉可能使全體民眾對此一結果產生巨大誤解及失望。

遠通電收危機處理團隊為做後續政策、媒體及民眾溝通，再度召集財務部、工程部與業務部協助，提供下列分析以具體說明：

1. ＥＴＣ新舊措施比較與民眾獲益分析

交通部此次談判獲得「等同全面ＯＢＵ免費」的重大成就，因為兩年內使用一百次的低門檻，將使得經常有用路需求的民眾皆可先「無限量」取得ＯＢＵ，而於使用次數滿一百次時，獲得六百八十元的ＯＢＵ退款。事實上，得標廠商一百次的委辦服務收入只有三百四十元。

2. ＥＴＣ新措施對得標廠家獲利影響分析

ＯＢＵ製造成本每只一千零三十元，估計第一年ＯＢＵ用量一百三十六萬台，據以分析得標廠家今年得虧損二十一億元，累計虧損二十七億元。

3. ＯＢＵ製造成本與售價比較分析

ＯＢＵ在台灣售價為全世界最低。

4. ＥＴＣ委辦服務費與人工收費比較分析

ＥＴＣ單次委辦服務費三·四元係以二十年平均加權，人工收費二·五元是以去年一年計算，基期不同。

附件：遠通電收ETC關鍵議題分析與行動對策

外界命題（政府、媒體關心議題）	行動對策	執行建議
● 與高鐵、高捷相同，是另一BOT弊端，且圖利財團 ● 申辦作業繁雜不便	● 攤開事實 ETC的BOT與高鐵、高捷方式與精神相同，但基本作業及結構不同 · 代收非代管帳戶 · 需有OBU為載具，執行複核 ● 比較事證 作業繁雜是為充分確保民眾權益 · 申辦作業流程分申請、核對、安裝與啟動使用，各國皆使用此一必要程序 · 政府與遠通此一做法皆出乎保護民眾權益的善意	1. 建議由律師說明，輔以相關條文內容、簡表比較，導正誤解3.8%費用閒以建置系統與營運管理，代收費用非代管帳戶 2. 將整體方案改用消費者申辦及權益導向流程簡表圖例說明，並使用媒體語言，主動與媒體溝通 3. 加上新的改善原則或研擬方案，以各國通例或我國特例，且為保障民眾權益，爭取民眾諒解
● OBU費用過高與附加費用眾多 ● 儲值付款不夠方便 ● 紅外線功能比微波系統差	● 攤開事實與比較事證 遠通紅外線OBU系統實質費用最低，此項評比亦第一 ● 高速公路通行費是國家歲收 在國家無相關法令，可據以對欠款者執行法制行動前，儲值卡是必要的保障政府收入的工具 ● 比較事證 · 國際先進國家使用 · 列出紅外線使用國 · 準確度優於微波 · 先進使用國驗證 · 環保效益較大 · 微波為非游離放射，有害人體	● 總經理提出說明，輔以比較表 · Total Cost — 系統比較 · 同一系統 — 國別比較 ● 附加費用部分研擬可行改善對策 · 安裝費用等配套減半？ · 其它促銷優惠方案？ · 其它具體改善方案與對策 ● 總經理提出說明，輔以具體事證、來源依據及比較表 針對申辦文件之內容項目及核對程序，正研擬簡便方案、申辦地點的增加，與安裝使用的書面說明亦在考量中

外界命題（政府、媒體關心議題）	行動對策	執行建議
● 有無新的行銷配套與保護消費者權益措施及大眾道路交通使用權益	● 有助國家發展光電產業 · 紅外線是光電產業主流 · 台灣有基礎與發展潛力 ● 研擬中的具體措施及原則 · 鼓勵新顧客 · 維護舊顧客 · 申辦程序、地點與安裝、啟動之便民措施 · 價格等配套優惠鼓勵：一卡多機與一卡一機連賣 ● 高等法院裁定前的權益措施 · 在達某一裝機量前縮減ETC車道或其它用路措施？或在連續假期等交通尖峰時間執行？	● 總經理提出可行方案，並強調與政府研議中 ● 務求以保護消費權益、鼓勵新試用與便民、為民作最大前提 ● 可先講原則性意旨與研擬方向，釋出善意

他山之石

遠雄大巨蛋危機爭議

遠雄大巨蛋和遠通ETC，兩者都是政府BOT案，而且事前和事中產生問題的源頭、本質和特性也十分相似。但是，遠通ETC很快就脫離了危機暴風圈，反觀遠雄大巨蛋卻深陷危機泥淖，上下游廠商乃至銀行權益也深受波及，全台BOT業務也幾近停擺。

危機處理是一件領導人和工作團隊必須動態、立體、系統而且均衡思考的行動。台灣科技大學EBDA和EMBA，針對此兩案進行了危機處理執行方案和行動策略的比較，十份值得

大巨蛋安檢五大缺失？兩造說法

北市府		遠雄
5棟建物由9.58萬坪擴至14.9萬坪，過量增加容積	建築量體過大	9.58萬坪是容積面積，非樓地板面積，因環評要求已減少9370坪容積
動線窄且方向集中，至戶外路徑曲折，逃生不易	商場與巨蛋共構造成安全危機	各棟獨立且有足夠防火間隔及防火牆，不受鄰棟火、煙、熱侵害
地下巨型停車場連通各棟，發生火災將波及全區	各棟地下停車場整體連通，災害易蔓延擴散	地下在建物間設無開口防火牆，也有可接觸外氣的半戶外型廣場，可讓人快速逃生
以目前有效戶外疏散空間只能容納6萬人	戶外空間無法容納所有逃生民眾	14萬人不可能同一時間在戶外滯留
原設計將14萬2096人疏散至基地內外，消防車難靠近	消防救災無法進行	地面14萬人同時避難可27分內完成，10分內完成12萬人避難

資料來源／北市府、遠雄企業團　製表／江碩涵、邱瓊玉　■聯合報

政府深思、企業參考和社會評議。

遠雄大巨蛋從投標、得標到興建過程，其實各方的各自爭議不斷，社會和輿論各界也曾有不同看法，遠雄企業集團正確的做法，早應把議題管理和危機處理列為專案的重要工作，定時定期評估、執行、追蹤和修正檢討。

面對這些爭議，台北市政府、遠雄企業集團和社會各有如下不同見解和考量。北市府一直強調公安及公益，也希望藉此來彰顯其新政府清廉的形象。社會受新聞媒體傳達之有限資訊，及先前趙藤雄涉及商業賄賂事件的影響，普遍出現負面的觀點。工商業界對於新政府不充分尊重商業契約的做法，是有微辭，也不完全同意行政權過於強勢，但普遍不方便直接站出來表達意見。

遠雄處理此一爭議事件時，首先要心知肚明，企業面對政府BOT的爭議，在整體形勢上普遍已先處於不完全平等的相對弱勢。

政府、社會及企業對大巨蛋議題角度

政府	重大建設除公共利益外，安全議題應被考量 BOT仍應兼顧政府及納稅人利益 清廉行政形象之建立 政策執行需兼顧環境權等社會觀感
社會	遠雄相當於「貪婪財團」的印象 對政府的監督能力產生了不信任 遠雄以企業利益擺第一，不斷更改合約，枉顧安全
企業	一切依BOT契約辦理 大巨蛋安檢報告爭議點應由第三方公正單位來檢視 不該淪為政治鬥爭的目標

接著，再從議題管理的生命週期、爭議的實然和必然的差異，以及引起社會大眾注意的情況，分別表列如下：

遠雄大巨蛋議題發展情況

生命週期	遠雄大巨蛋BOT案	大眾注意力
早期 (初期)	應然：松山菸廠具有歷史意義——古蹟文物保留 實然：十八公頃中規畫保留八公頃為文化園區	低 某些或特定關注
中期 (發展階段)	應然：環保議題——行道樹的保留 實然：為拓寬道路遷移樹木 社會觀感不佳，導致企業形象受創 延伸引發政治風暴	高 期望差距產生爭議，民意多 數傾向拆蛋或拆商場
晚期 (成熟階段)	檢核設計結構與合約內容是否相符 兩方持續進行解決方案進展 解決方案成形，工程如願完成	持續發酵

知悉議題的可能發展後，遠雄企業集團妥適的管理做法是，緊接著按照議題管理的六大程序，擬出各項處理問題的重點及可行方法，以更為清楚自己可行的溝通方案或談判態勢。

議題管理六大程序

確認公共政策議題及趨勢	**面對問題：**從政府、社會、企業對相關問題的看法（公共安全、環境保護、政商關係）
評估影響並列出其對公司之優先順序	**釐清問題：**對相關問題的實然（企業目前的作為）與應然（法律規定及社會期待）的狀況差距，並列出影響及衝擊的重要順位
確立公司對優先議題立場	**接受問題：**針對相關問題解決的優先性與公司資源配置的狀況，確認相關策略指引方向，以利行動展開
設計公司對議題執行計畫及預定達成目標	**處理問題：**擬定政策溝通策略（trade off）看企業能幫政府什麼，政府能幫企業什麼，運用相關工具如政策分析的性質與特徵、政策溝通策略架構、政策調和評估矩陣等方法，根據議題重要性與公司相對談判力，分成不同的對策，擬定策略來與政府進行政策調合
執行行動計畫	分時間、項目、負責人與預算、目標
追蹤、調整、評估	專案小組、定期追蹤、調整對策

選擇爭議最大的公共安全作為議題分析的重點，從爭議點的實然和應然差距，發現雙方各有見解及其堅持，不是直接面對面可以順利解決，合適的做法應該經由公正第三者的適當調解，找出各方不滿意但可以接受的解決方案，而不是直接由雙方對衝或相互放話。

議題及爭議分析

	爭議點	實然	應然
公共安全	建築量體過大	遠雄提出量體規劃及樓地板面積與營運規劃皆依雙方ＢＯＴ合約進行（前朝） 安全逃生規劃亦依專業模擬並獲北市府與營建署的相關單位認可	遠雄得標後不合理變更條約內容最大化其利益，變更樓地板面積及原規劃精神產生官商勾結疑慮 社會及現任政府期待公安需以最嚴格標準設定，參考國外大巨蛋八到十五分鐘疏散人潮 施工品質危及環境權與古蹟保護 實際經監察院調查各項疏失仍無改善，加深遠雄不誠信與政府監督不力疑慮
	商場與巨蛋共構造成安全危機		
	各棟地下停車場整體連通，災害易蔓延擴散		
	戶外空間無法容納所有逃生民眾		
	消防救災無法進行		

最後，針對雙方議題或危機溝通，站上談判桌之前，遠雄應該按照議題對公司重要性的高低及企業擁有相對籌碼的大小，依據不同的象限，拿出不同的政策溝通對策，才能知被知已，運籌帷幄。

綜合評析

BOT在當前政黨惡鬥、民粹當道的氣氛下，加上社會普遍反商情緒高漲，本身就是一個充滿地雷的政商議題，稍一處理不當，就會陷企業於高度爭議及危機之中。

BOT也是一個充滿多方利益衝突的交易，以大巨蛋為例，第一層有遠雄與政府、民眾利益的交集及衝突，背後還有許多政商、民代關係的直接間接的介入，所以其每一事務的處理經常是一場法與政、公與私的糾纏與協商。

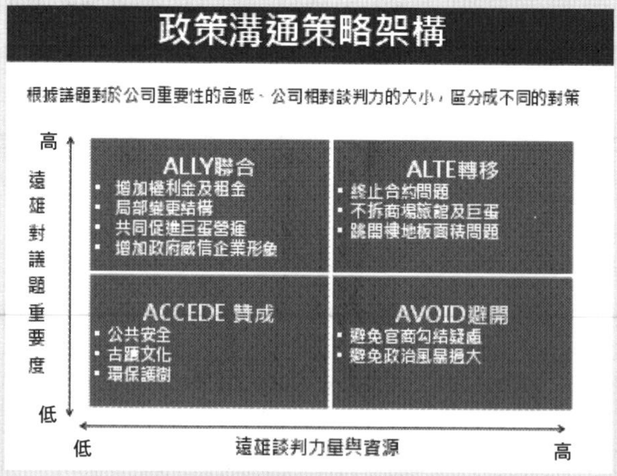

遠通ETC和遠雄大巨蛋兩案危機處理成敗關鍵，分別從比較關鍵的風險意識、危機預警、組織、溝通和領導等視角，分析如下：

1. 危機溝通：

遠雄和台北市府的爭端已經尖銳化、白熱化，甚至情緒化，兩方要理性面對，實不容易。借助社會中有相關專業，又受各方尊重的第三者來做公開、公平、公正的折衝，應列入思考的第一重點。

以遠通ETC為例，他們挑選了專業、信譽與聲望都夠高的陳長文律師。他在面對此一危機事件又非常睿智，而且有為有守地用感謝、澄清、尊重、自省四段理性及感性兼具的訴求，引起政府和社會的高度認同。

- 感謝：遠通對真相披露不僅無懼，而且有信心
- 澄清：遠通參與ETC BOT案的全部過程
- 尊重：遠通對於相關刑事偵查及行政訴訟的說明
- 自省：新制上路對用路人造成不便，遠通深表歉意

記住，「危機」是因為對方擁有優先掌控權，或實力較大，危機方處於劣勢下，除非別

有意圖，不然不可激惱對方，造成不可收拾的結果。

2. 危機組織：

危機組織非常講求專業的內外整合。為避免企業一旦發生危機產生的內鬥內行、外鬥外行的缺失，遠雄在法務、公關、建築、公共政策、公共安全四大專業應該要另聘外界專業，建立更完善的機制。

另外，危機領導部分，不宜由趙藤雄一人單獨面對，特別是對外溝通和發言方面。

3. 政策辯護：

危機溝通當然不同於純然的商務談判，但非常需求社會各界，特別是學界及社會組織站在社會公器的立場來發聲。可惜，正如台灣大學心理系教授黃光國所感嘆的——誰願為政策辯護？

在民粹政治結構下，人們很難對各種公共政策做理性的辯論，搞到最後是「立場決定是非」，政客們為了鞏固自己的權力，不惜拿國家長遠的利益做為代價，競相提出諸如「多元」、「鬆綁」、「自由」之類媚俗的口號，來討好選民。

但是，即便社會比較沉默，還是有正義之聲。ETC的危機能夠成功，學者的力量非常重要。針對遠雄大巨蛋，內政部曾經呼籲雙方回歸契約的精神，財政部也強調尊重財務商務機制，遠雄似乎沒有加以著力。

政治人物很喜歡討好大眾、便宜行事。以公益為例，使用者付費是符合經濟的經營行為，不能劫貧濟富。所以，BOT與公益，到底是競合還是零和遊戲？經濟學理、國際案例及財務與數字都會講話，企業要能加以善用。

公益是不是免費的午餐。政治不是不能干預經濟，前提是一、它不違企業營利的本質；二、不妨礙自由市場價格機能的運作。

BOT和司法案要法歸法，商歸商；大巨蛋甄選是否涉及不公，自有法律去伸張正義，政府行政機關不需多加評議；商務歸商務、契約歸契約、建築歸建築，應有方法予以切開，不打爛仗。

4. 媒體應對：

危機處理的難題之一是經常謠傳四起，小道消息還時時充斥在各種不同的社群網路，不該坐視，要加以適當地面對。民意溝通跟媒體溝通同樣重要，但是在時間的緊迫性下，加上社會理盲現象普遍存在，危機溝通者一定要先能熟悉議題管理及政策論證要素，抓對爭議的重點及其代表的價值和意義，不然感性的訴求只會是失根的濫情表達，無法引起大眾共鳴。特別是BOT案背後的利益糾結，亂箭四射是必經的過程，唯有自己清楚問題的源頭、箭頭和勢頭，才能進退有據。

訴諸大眾必須仰賴重音喇叭。政治人物的通病是傾斜多數，西瓜靠大邊。政治人物也喜歡插花，雪中送炭者和真正講義氣者不多。還好，有為有守、肯擔當的政務官不少，他們都能妥善掌握與民代應有的分際，危機領導人無論面對多大壓力，都要展現積極樂觀的態度。

第二篇

風險評估與危機預防

第3章 危機診斷：危機分析、檢測與預警系統

「管理策略風險前兩項要務，就是迴避不必要的打擊，以及減輕無法避免的打擊。」

——史萊渥斯基（Adrian Slywotzky）、韋伯（Karl Weber）

二〇〇七年三月，力霸集團遭台北地檢署以違反洗錢防制法、背信等多項罪嫌，將潛逃海外的創辦人王又曾夫婦及其子女、親信等一〇七人起訴，從此面臨瓦解的命運。力霸的倒閉危機其實早可從其大股東質押比率、集團負債比率、關係人交易與固定資產抵押過高等看出徵兆，只是政府與投資大眾忽略了警訊。

危機預防主要應從危機檢測和危機預防兩個步驟入手，前者以敘述檢測方式對危機的可能性及危害程度進行估計，對可能引發危機的各種因素進行控制，防止危機爆發。

危機預防與議題管理如下表所示，是透過專業與系統地分析，去分辨及確認組織目前所面臨，

而且預期未來十二至三十六個月可能發生的主要風險，並及早謀求在它成為公開化危機之前的解決之道。

危機與議題一樣，有它的生命週期，而且也有共同的特性。越在早期發現風險，處理的難度就越低，等到事件公開化了，隨著處理時間的快慢會增加它的不確定性。因此，組織的領導人必須對於危機及議題的分析、檢測、警示和預防有正確的認識。

本章將探討的兩大主題，一是危機掃瞄：危機的分析、檢測與衡量；二是危機診斷：危機的警示與預防。而各個危機／風險管理工作的程序如下表所示，先經確認、評估，再作預防控制。對最為關鍵的影響程度評估，分為定量與定性分析（損失嚴重程度與損失頻率），它的

危機預防與議題管理行動架構

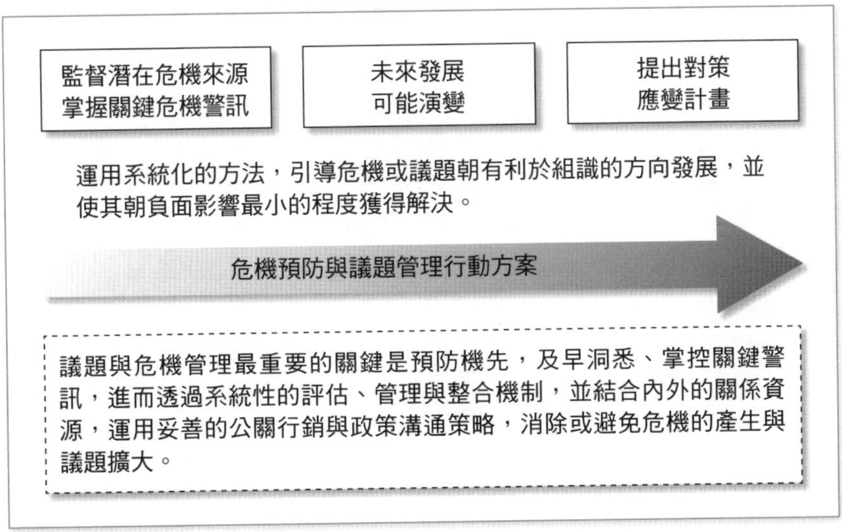
監督潛在危機來源
掌握關鍵危機警訊
未來發展
可能演變
提出對策
應變計畫
運用系統化的方法，引導危機或議題朝有利於組織的方向發展，並使其朝負面影響最小的程度獲得解決。
危機預防與議題管理行動方案
議題與危機管理最重要的關鍵是預防機先，及早洞悉、掌控關鍵警訊，進而透過系統性的評估、管理與整合機制，並結合內外的關係資源，運用妥善的公關行銷與政策溝通策略，消除或避免危機的產生與議題擴大。

結果則有最大的可能損失（Maximum Possible Loss），與可能的最大損失（Possible Maximum Loss）兩種。最大的可能損失是指在最壞的情況下，所會發生的最大損失；而可能的最大損失則指最可能發生情況下的最大損失。而風險與危機控制預防，是指透過風險／危機轉移、迴避或隔離等方式降低或避免損失的程度。

危機管理工作流程圖

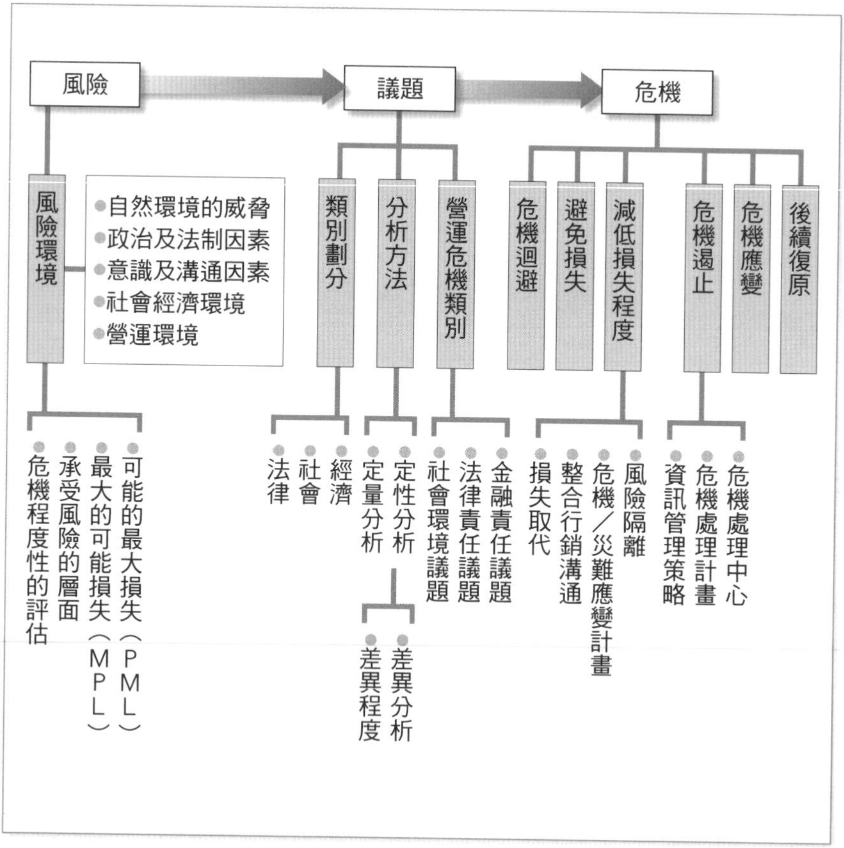

實用工具

向智者學習：三段式談判與溝通策略

知彼知己的先決條件就是資訊的掌握與分析。一九九八年，美國對台灣施加強大壓力，一定要擴大動物內臟的進口，但此一要求同時又遭到台灣農民巨大的反對聲浪，時任農委會副主委的林享能親上火線，以下列三段式談判與溝通策略，成功地化解了危機。

1. **引用數據，告知事實：**台灣每年食用的動物內臟高達十六萬七四二〇公噸，其中向美國進口只占三・八％，大部分都是經不合法的走私管道進口，產品安全與衛生的品質都值得憂慮。

2. **尊重對方，支持品質：**美國對農漁食品的品質管制法律嚴謹，檢驗的程序與執行也十分完整，台灣期待多向美國進口，以確保人民的食物安全及身體健康。

3. **相互尊重，但有疑慮，引用法制：**林享能說：「本人是中華民國政府的政務官，可以對這次的談判結果與政策負責，也十分樂於為雙方經貿與農業的互利互惠，肩負起這次談判的責任，固然許多國際友人一再警告本人，美國在國際貿易談判上經常採取帝國主義的強勢策略。」他更進一步表示，美國政府在《台灣關係法》中明確表示，將保護台灣的國防安全與促進人民福祉。台灣人民現在的十大死因中，因心血管病變導致的死亡位居第四，動物內臟含有的高蛋白質是造成心血管病變的主因。《台灣關係法》所謂促進人民福祉包括身體的健康，雙方政府應共同尊重，也履行這項莊嚴的法律承諾。

⊙危機分析

對於顯而易見的危機，稍具危機意識者自然會事先防範，但不是所有的危機都顯而易見，對於隱微不明顯的危機，就算深具危機意識，若無法及時發現即無從防範。因此，對於隱而不現危機的檢測，是非常重要的領域。

危機偵測可以從危機假想及危機因子的界定二方面著手。

1. 危機假想

危機假想就是對未發生的危機所做的假設，也就是在危機尚未出現之前，即就危機的性質、在何種狀況下發生、發生可能性的大小、可能造成的傷害、該如何因應等，預作設想。

危機可以用「高度優先目標」的概念來理解，任何主體在做危機假想之前，就得先問自己：最大的高度優先預防目標是什麼？也就是對你高度優先目標造成損害威脅的是什麼？如果維持世界和平與美國利益為冷戰時期美國總統的高度優先目標，那麼美國總統危機預防的高度優先目標可能會是：美蘇之間爆發核子大戰。同樣地，正在進行激烈選戰的立委候選人，最大高度優先預防目標可能會是：落選。對企業集團而言，其危機預防的高度優先目標可能是：破產。

危機假想不是時時杞人憂天，也不是草木皆兵。危機假想是危機意識的具體成形，也是危機偵測的第一步。

危機假想的首要前提在於勇氣與誠實，不可以鴕鳥心態認為自己不可能那麼倒楣、這樣的事絕不可能發生在自己身上；也不可以諱疾忌醫，怯於面對事實而自欺欺人。在做危機假想時，需以最充分的想像力、最誠實的態度，將你最害怕的事情轉化為實際發生的危機狀況。

有了勇氣與誠實，才可以面對真正的高度優先目標，提出切合實際的假設；而有了確實的假設，才可以據以提出解決危機的因應措施。舉例言之，假使你最擔心的是自己一手創建的公司破產，那麼你就應該開始假想，什麼樣的危機才會造成公司破產？

假設列出了世界性經濟不景氣、公司財務不良、人員素質不佳（沒有人才、操守不良、未能積極任事等）、失去市場占有率（產品不受歡迎、產品瑕疵、重大消費者保護事件等）等危機，那麼你就應該進一步設想，哪一類的危機對我傷害最大？其發生的機會有多大？並且將所有的危機排定優先次序，並據以考慮資源的分配，擬定有效的因應措施。

2. 界定危機因子

假想出具體的危機之後，就該對造成危機的危機因子加以界定。危機因子是指會造成危機的因素。如果危機是流行性感冒，危機因子就是濾過性病毒；如果危機是大樓傾塌，危機因子就是樑柱裂縫。危機因子必然不只一項，再以大樓傾塌為例，除了樑柱裂縫之外，諸如地質鬆軟、土石流、發電機爆炸、地震，或甚至飛機低飛撞擊大樓等因素，都是可能造成大樓傾塌的危機因子。

危機偵測首在找出危機主體的高度優先目標，根據高度優先目標設想危機狀況，再根據危機假想界定危機因子，而有了具體成形的危機因子之後，消弭危機於無形也就不是那麼困難的事了。

⊙ 危機檢測

危機診斷就是針對假想的危機，評估此一危機的影響有多大？損害有多大？發生的可能性有多大？

要針對這些影響、損害、可能性做評估，需要客觀為之，以避免優先次序誤置，進而導致資源誤用。我們可以用數字來表示危機的影響，例如以由大至小的數字，來表示影響及損害的大小，以百分比的大小來表示機率的高低。由此，我們就可以用數字會說話的方式，明確對危機因子做出評估，排出優先次序、據以分配資源，進而擬定因應措施。

一、危機影響值

危機影響值（crisis impact value）表示危機發生後，任其持續發展，不作任何干涉與處理，所可能產生的影響與損害。

危機分析程序表

危機分析的過程與風險分析方式雷同，它是針對外部環境與內部因素中所有的不確定性，進行確認及量化的評估，從而建立風險評估模式，透過模擬及敏感度分析，來協助決策者做正確的危機管理，避免危機的發生或擴大。

程序	關切與評估主體內容
危機確認	確認問題形成的原因與將其因素量化
衝擊評估	有形／無形、現在／未來、直接／間接
評估模式、方法與工具	評估風險或危機的模式、評量要素與權重
模擬預估	一旦發生將造成的現象與損害程度

附註：企業風險／危機評估的方法有財務報表法、流程檢測法、現場觀察法、部門交流法、合約分析、紀錄分析、事故報告等方法及工具。

評估危機影響值是根據影響與損害兩個指標，對發生的危機，以零至十做主觀的評估。計算危機影響值時，若以多人參與計算，再將每人所得的值累計後，取其平均值，客觀性更高。

1. 影響指標

影響指標所要評估的是，此一危機影響主體正常運作的程度大小，毫無影響是零，絕對影響是十。所謂的毫無影響，意指危機出現後，危機主體不必為了此一危機而中斷原有事務，或撥出部分的精力、時間來處理，正常運作一切依舊；而絕對影響就是為了處理此一危機，致使正常運作完全中止。

2. 損害指標

損害指標所要評估的是指危機發生後，危機主體所受到損害的大小。毫無損害是零，絕對損害是十。毫無損害意指危機發生後，危機主體的高度優先目標毫無損傷；而絕對損害則意指損及危機主體高度優先目標的嚴重後果已經出現。

二〇〇八年中國「三鹿毒奶事件」，讓在香港上市、專門供應三鹿製品的乳業龍頭——蒙牛集團股價一夕崩盤。一千三百億人民幣的乳品市場重新洗牌，引發各家企業搶進，其中包括台資的統一、旺旺、康師傅，無不乘機擴大版圖。設若台資的頂新、統一、旺旺損害指標值為零，表示公司毫髮無損，生意照做、錢照賺；而中國的三鹿公司、蒙牛集團損害指標值是十，指的當然是公司破產。

影響指標與損害指標之不同處，在於「影響」指的是因危機的出現擾亂主體正常運作的作用力，而「損害」則為危機出現致使主體所產生的損失。

綜上所述，公司耗盡一切心力之後，消費者終於恢復信心，經營恢復正常運作。在此一狀況下，影響指標值雖是十，損害指標值則是零。反之，則影響指標值就是零，而損害指標值則是十。現在將影響指標值與損害指標值的分數累計起來後，除以二，就得到一個危機影響值，然後再把危機影響值畫在從零到十的橫軸上（見下下頁圖）。

二、危機機率

危機影響值測量的是危機對主體所造成的影響及損害的大小，根據此一數值，我們至少可以知道兩件事：以較為客觀的方式了解到此一危機究竟有多嚴重，對主體造成的損失有多大；以較為客觀的方式在多項危機之間做比較，區分出優先順序，以利將資源投入需立即處理的危機。

此處需注意的是，危機機率雖不能改變危機對主體所造成的影響及損失，卻絕對可以改變危機處理的優先次序。舉例而言，對於建築在地震斷層帶上及土石流頻發區的大樓，不管是地震或土石流都可能造成大樓傾塌的危機。一般而言，由於地震的威力較強、不可預測性較高，所造成的人員物質損傷也較大，且每個季節都有可能發生；若僅憑危機影響值之大小就決定危機預防及處理的優先次序，將造成資源誤用的情形，有失危機管理的本意。因此，只有將危機機率與危機影響值一併考慮，才是周延的危機診斷。

求取危機機率與求取危機影響值的概念是相同的，亦即需將「可能性」的概念加以量化，不能僅憑主觀上的「非常可能」、「不太可能」、「有點可能」等模糊觀念來計算危機機率。

在評估危機機率時，可從兩方面來著手：

一是有無先例。所謂先例，即類似的危機過去是否發生過？其頻率為何？以地震而言，若你已知道過去的兩百年中，七級以上的大地震只發生過四次，每次約略間隔五十年，而去年才發生過這等規模的九二一大地震，此時你就可以估計爾後二十或三十年間發生同等規模的機率應該不大。當然，若是上次的大地震是發生在五十年前，則估計時自然要將發生的機率提高。

一是危機主體所處的環境為何？在此一方面，你所要問的問題是，我所處的環境會不會提高危機發生的機率？舉例而言，在整體世界經濟不景氣的環境下，身為企業主管的你，對於發生財務危機的機率之估計值自然要提高。根據環境與先例做了充分的了解後，就可以估計危機機率。假設某一危機絕對不可能發生，機率就是零，若一定會發生，機率就是百分之百。

三、綜合評估

危機影響值與危機機率兩個數值形成了一條橫軸與一條縱軸。現在將二條軸在中點處交叉，形成一個四象限的座標圖，危機影響值與危機機率均高之危機落於第一象限；危機影響值低，危機機率高之危機落於第二象限；危機影響值與危機機率均低之危機落於第三象

危機的警戒曲線

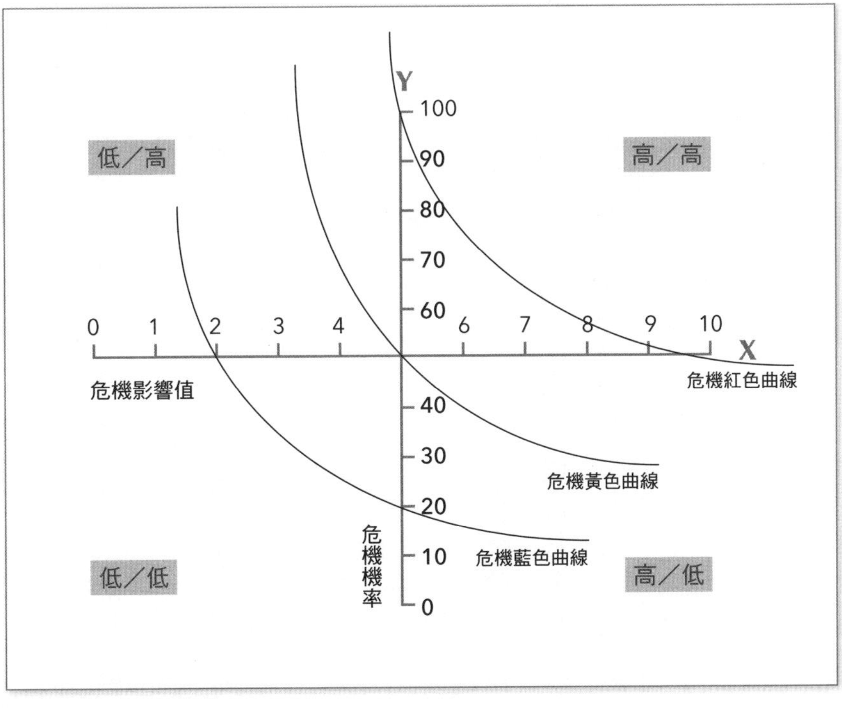

限；危機影響值高，危機機率低之危機落於第四象限。

任何的危機均可利用此一方式評估，舉凡落於紅色區的危機由於影響大，發生的機率高，自然需要立即的關切；落於藍色區者，由於影響小，發生的機率低，可暫時不需擔心。至於落於第二與第四象限的黃色區危機優先處理次序為何，依照危機主體的狀況而定。

當然危機診斷的座標圖不是預言天書，只是管理危機的一個工具，不可能百分之百準確地預測出危機，但至少能有效地協助你與組織掌握潛伏危機的優先次序。

⊙危機預警系統

危機預警是指根據外部環境和內部條件的變化，對於企業或組織未來不利的事件或風險，進行預測和警報。具體而言，危機預警是企業或組織預防、因應和解決危機的手段和策略，最終的目的則是透過預警分析及指標的觀察、檢視，增強企業或組織對危機的免疫力和應變能力。企業常見的與比較重大的危機警訊大約分為三大部分，詳見下表。

常見的危機警訊

種類	警訊徵兆	參考指數
經濟危機	通貨膨脹率	季通膨超過3%，半年6%
	匯率	日匯率變動10%，數週20%或月30%以上
	股市價格指數	週20%，月30%
	金融機構資本適足率	資本÷資產不低於8%
	綜合收支平衡指數	財政收入÷財政支出×赤字率（赤字額÷收入）>0.8
	外資控制金融市場程度	外資佔金融資產<20%、外匯總資產<40%
	灰色、黑色金融影響力	不宜超過10%
	不良金融資產比例	不良資產÷總資產<20%
	經濟主體心理恐慌指數	加強金融資訊的公開透明與監督管理
客戶信用危機	出售不動產	
	企業或負責人官司纏身	經常或長期興訟
	企業或負責人有詐騙企圖	欠稅、逃漏稅、仿冒、詐騙
	企業發出或接受的訂單超出正常值	有無潛逃意圖
	企業臨時急於交貨，要求提前付款	資金周轉不靈
	企業高價購進原物料	信用不良，周轉不靈
	變更付款方式	沒有保障的支付方式
破產危機	低度警報、主要指標皆未突破警戒線，輔助指標有三個突破	● 主要財務指標： 流動比率、速動比率、應收帳款周轉率、存貨周轉率、資本負債率 ● 輔助指標： 速動資產天數、營運資金對總資產比率、固定資產對股東權益比、資本利潤率、銷售利潤率
	中度警報：主要指標僅資本負債率未突破警戒線，其餘四個指標有三個突破	
	高度警報、主要指標皆突破警戒線，輔助指標有三個突破	

⊙混沌管理機制：一種實用的系統化工具

風暴和危機隨時可能出現，其中有部分是可被察覺的，有部分是不可預期的。未被察覺的危機包括已被察覺但管理階層拒絕或無力應對，或管理效率不佳的風險。這是企業所面臨最頭痛的混亂。

科特勒和卡斯林發展出來的「混沌管理機制」（如下圖），是危機管理中很好的系統化工具，它包括下列三個構成要素：

1. 發展出一個預警機制，偵查風暴來源。
2. 預先構想可能的情境，做為應對混沌的依據。
3. 評估情境的排序和風險態度，做為策略抉擇的標準。

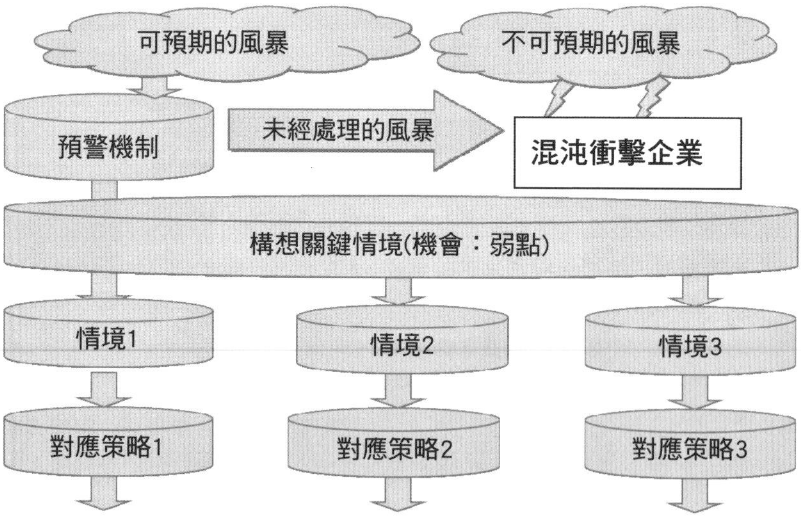

⊙預警機制的八個問題

「不可預期的風暴」和「未經處理的風暴」兩者所構成的混沌，會衝擊企業及個人。華頓商學院麥克科技創新中心教授戴伊（George S. Day）與蘇梅克（Paul J.H. Schoemaker）是發展企業預警機制的兩位關鍵人士。預警機制的功能是對風暴加以處理，了解這些潛在的威脅，同時又能預見機會，這需要很強的周邊視野。他們建議，企業領導人在發展預警機制最初的會議中，應先回答以下八個問題，再依這些題目做更深入的探討：

1. 過去的盲點有哪些？目前在這些盲點上正發生哪些事？

- 美國汽車消費者越來越喜歡外國車
- 員工高齡化，退休金高

2. 可以從其它產業找到有啟發性的類比嗎？

- 美國將電視、視聽、鋼鐵和消費電子讓給亞洲

3. 有哪些重要的信號被我們合理化以至於忽略了？

- 美國人愛買國貨
- 盈利增加，退休金問題就可解決

4. 同業中有誰擅長於接收微弱信號，並迅速反應、搶得機先？

- 日本、韓國、歐洲

5. 和我們持相反意見的人們以及外圍的人們想告訴我們什麼？

- 綠色運動：環境與能源的關注

6. 未來有什麼意外事件可能傷害（或幫助）我們？

- 汽油飆漲，消費者購買更小、更省油的車

7. 有什麼正在發展的新技術可能改變產業生態？

- 消費者購買油電混合車

8. 有什麼無法料想的情境嗎？

動腦時間

鐵達尼號沉船出現了什麼根本問題？

危機的三大特性是，一、突發性：資訊的不足也時常讓決策者難以進行方案的選擇；二、決策時間短：危機情境下最大的考驗，即是須在極端緊張的情勢下做出決策；三、威脅性：若無法立即排除，即有可能造成巨大的損失。鐵達尼號這艘世人認為不可能沉的世

紀大船，為何沉了呢？

鐵達尼號首航時，船上總共有兩千兩百二十四名船員及乘客，只有一千一百七十八人在事故發生後擠上了救生艇。導致大量乘客喪生的有一大堆因素，比如機械故障、事故和災禍等，但救生艇數量不足是其中最關鍵的原因。

儘管如此，它的配備卻完全符合所有海洋法的規定。英國貿易委員會要求所有一萬噸以上級別的輪船必須配備十六艘救生艇，雖然白星航運公司（White Star Line）配備的救生艇數量比規定的多出了四艘，但這艘巨輪的噸位卻高達四萬六千三百二十八噸。當時英國貿易委員會已有近二十年沒有更新相關規定。

在某一時期制定的有關救生艇數量的規定，到了另一個不同時期卻仍被不加思考地執行，可為什麼監管機構、輪船製造方以及營運方，都沒有發現救生艇數量與乘客及船員總數並不匹配這個如此明顯的問題呢？

原因是，那時已有四十年沒有發生過人員傷亡慘重的海難。之前一次還是在一八七三年，當時有五百六十二人命喪大西洋。二十世紀，輪船的安全係數已經大大提高了。

澳大利亞墨爾本公共事務研究所研究員柏格（Chris Berg）說，關於救生艇數量的規定，就風險管理而言，鐵達尼號沉船堪稱是二十世紀最典型的監管失職的例子。

危機因子充滿不確定性、脆弱性，風險知覺在初期也不易被辨識，在組織韌性（organizational resilience）部分也非常容易受到企業文化和領導風格的影響，必須全盤兼顧，經常檢討。你的組織資訊流通嗎？設備老舊了嗎？法規過時了嗎？官僚作風已經存在了嗎？有時時體察民意民心嗎？這五大危機因子，將是你不能輕忽的功課。

實用工具

危機情境建構範例

美國三大汽車廠——通用、福特和克萊斯勒早在二〇〇八年要求國會緊急紓困兩百五十億美元之前，便浮現其營運困頓。科特勒和卡斯林批評，依常理來說，三大車廠至少有一家應該進行混沌管理，國會當時要求他們提出如何運用政府紓困資金、以使自己走向成功的對策方案，但他們居然提不出來。他們兩人引導大家善用情境建構方式，來解析美國三大車廠的事例。

步驟	衝擊
1.決定情境分析所要回答的問題	日益增加的員工退休金負擔對企業的壓力

2.決定分析的時間和範圍	美國為主、並有公司資助退休金計畫的員工（二〇〇四到二〇〇八）
3.識別主要利益相關者	員工、工會、消費者、汽車經銷商、供應商、銀行、管理退休金的退休金管理公司，都承受逐漸升高的不同程度壓力
4.勘測潮流趨勢、風暴，和可能隨之而來的混沌勢力	新進年輕員工和退休員工不成比例；退休金資金所投資的股票市場波動幅度過大；外來競爭者以較低價格和較低成本（非工會成員的員工）的優勢搶得越來越多的市占率，進而壓低了三大車廠的利潤空間；在較低成本市場中生產並進口的產品；工資和醫療福利成本提高；工會成員減少，使得工會立場更加強硬
5.尋找造成混沌最關鍵的不確定因子	油價飆升（和突發且具破壞性的降低，例如二〇〇八年底的情況），消費者對於較大和較不省油的汽車需求變小；外國車廠積極開拓美國市場，壓低了銷售額，提高了成本；美國經濟衰退或蕭條；快速成長中的新興市場的大量需求，造成原物料、補給和零組件價格的提高
6.定義關鍵情境	正面情境：大量的美國消費者需求，將營業額推至歷史新高、同時增加可觀的盈利，而所得盈利將被撥進退休金資金中，投資於每年獲利平均二五%的證券市場；同時美國政府通過法案，將擁有退休金計畫的員工退休年齡從六十五歲提高至七十歲 負面情境：房地產、股市等數個資產泡沫同時破裂，將美國推入深度經濟蕭條；銀行業受到次級房貸違約的壓力，造成信用緊縮，觸發銀行倒閉潮和長期通貨緊縮
7.評估關鍵情境	根據目前的資訊，雖然仍無法估計確切的機率，但負面情境比正面情境更有可能發生
8.趨於決策情境	極有可能的是，所有情境趨向負面情境；開始構想替代策略以及新的企業經營模式，以先發制人或減輕財務危機

第4章 非常情報：扭轉乾坤的CEO決策系統

「資訊科技系統被運用在危機管理是全球新的趨勢，特別是加上系統動力學、電腦資訊分析工程的應用，使得危機更容易被發現和被掌握。」

二〇〇一年九月十一日，紐約世貿大樓發生的恐怖分子劫持民航機自殺式撞樓攻擊事件，此一突發性的瘋狂舉動令全球震驚，時任紐約市長的朱利安尼立即率領市政府，配合美國聯邦政府，有條不紊地完成了危機處理，朱利安尼的聲望一時之間如日中天。朱利安尼表示，政府無法對所有可能的緊急事件都有所準備，唯一能做的是針對所有可以預見得到的緊急事件做充分準備，建立相應的預警系統，以應對任何非正常事件的發生。

1. **恐怖演習廳**。他強調自己在擔任紐約市長的整個過程中，分析市政府處理不同意外事件的方法，討論紐約萬一受到化學或者生物醫學方面攻擊的情況下，政府部門的每個單位都應該立即上陣並且做些什麼。他還把各種可能的重大公共危機事故模擬，以影片方式在演習廳播放，讓市府團隊有親臨其境的實體感，此一演習廳因而有恐怖演習廳的稱號。

他們商討過撞機事件再次發生或者政治集會受到襲擊時應如何因應。紐約市政府不僅規劃因應措施，還到街頭巷尾去實地演練，測試調動飛機需要多少時間，甚至進行撞機與沙林毒氣攻擊演練。

2. **徵候預警系統**。另一個是平時的非常徵候，朱利安尼指出，當統計資料顯示某些事件可能發生時，市府團隊就會進行詳細的數據分析，加以判斷。即使不能確切知道要發生什麼情況，也可以使他們開始有所準備。

⊙ 組織領導人的決策資訊系統

《易經．坤卦初六》：「履霜堅冰至。」大地冬天下雪之前，地面一定會先結霜，出門一踩到霜，大家就知道快要下雪了。企業與組織其實也存在著類似的自然演變現象，可惜的是，大家在日常生活中會注意到自然常識且近乎本能地反應，換到團體性的組織時，反而經常產生「集體性非理智」（collective irrational）的現象。

二〇〇八年，中國在農曆春節期間發生重大雪災，是決策資訊傳遞與判定不良的事例。根據中國官方新華社當年一月三十一日電文：中國二〇〇八年一月底、二月初遭逢五十年來最嚴重雪災，災情持續擴大，有成千上萬急於返鄉過年的民眾滯留並受困車站，估計受影響民眾達三千萬人，其中約有六百萬民眾滯留車站，很多滯留民眾因飢寒交迫而身亡或遭群眾踩死。估計二十天大雪造成經濟損失五百三十七億人民幣，十天搶運燃煤有十四省摸黑、五十四人喪命。據當時外國資訊報導，中國其實從一月初就已經出現天候異常的狀況，十日之後逐步蔓延與加劇，但可能是中國災害資訊傳遞出現問題，使得中央誤判形勢，或無法在最短時間獲得第一手的真實災情。

跨國性的企業近年注意到這種決策的缺失，紛紛建立適用自己產業或企業特性的資訊決策系統。以韓國為例，許多當年由國家安全或情報資訊系統退休的官員紛紛自立門戶或進入企業，為企業提供或建立情報決策系統。我們參照國際經驗與案例，近年也為企業建立此一CEO決策資訊系統。

⊙企業致勝避險的策略系統

此一策略系統也稱總資訊系統，包括：策略性發展資訊、總體經濟資訊、非顧客資訊、非市場資訊與日常營運資訊。策略性發展資訊重視集團事業部門間的綜合效益指數，包括緊密關聯度及互補性效用，以避免集團在擴大發展之中，出現整合購併或投資不佳等缺失，也避免為多角化而多角化的決策風險。

另兩個重要的高階決策資訊是總體經濟資訊與非顧客、非市場資訊。總體經濟側重國家重要財政、金融、經濟、產業及社會、勞工、環保、衛生等施政政策及立法動向的分析。此一資訊也是企業議題管理的重要依據。

種類	項目	關鍵指標	來源（資料庫）
策略性發展資訊	● 企業（集團）總體策略發展資訊 ● 企業垂直整合發展資訊 ● 企業水平分工發展資訊	● 組織或事業部門關聯性（緊密度） ● 組織或事業部門綜效度（互補性）	企業總管理處
總體經濟資訊	● 國家經濟政策 ● 國家財政政策 ● 國家貨幣政策 ● 國家產業政策 ● 國家社會政策	● 利率 ● 匯率 ● 稅率 ● 金融貸款 ● 環境保護／勞工／消費	經建會、中央銀行、經濟部、財政部、勞委會等國家部會
非顧客資訊	● 政府政策、法令 ● 社會價值、輿論 ● 產業／科技趨勢、變動 ● 經濟／人口趨勢、變動		同上
非市場資訊	● 政府關係／國會關係 ● 投資關係／財務關係 ● 媒體關係／社區關係	● 政務首長 ● 國會議員 ● 地方首長	● 立法院 ● 非營利組織
日常營運資訊	● 營運獲利 ● 財務安全 ● 業務發展 ● 市場開拓 ● 產品開發 ● 生產管理	● 每月營收獲利 ● 現金流量 ● 負債比率	● 總管理處 ● 財務會計部門

⊙情報所處環境不同的判讀方式與組織

情報是指資訊對組織有其實用價值，它的判讀與分析常因個人專業及喜好的不同，而出現正確性的缺口。為改善此一缺失，本系統並引用投資管理系統中的「市場充分開放理論」的架構，將訊息分為已知與未知兩大類進行研析與判讀。已知資訊為已公開的資訊，未知為尚未公開的資訊。

⊙情報的使用與處理

情報的處理、使用與權責，最怕演變成情報的政治化，變成組織部門推拖責任或相互鬥爭的工具。為避免此一現象的產生，分

環境／程序	研析	判讀（未來走勢／對組織的影響）	組織 Non-closed
已知	客觀事實存在		●虛擬小組 ●網狀組織
未知	未知情況下存在		

不同情報的處理程序與判讀組織及方式

種類	研析	判讀	組織 Non-closed
已知事實（Know Facts） 可立即驗證的資料			
謎團（Mysteries） 無法破解／尚未裁定的事件			
機密（Secrets） 已存在但遭刻意隱藏的事實			

為幕僚工作與決策使用兩個獨立系統，分別進行研析與判讀／驗證與決策，而且課以幕僚及決策權責。

企業的體質就像人類的身體，發病之前有其徵兆，故此一系統並與策略系統中的日常營運子系統交互運用，針對想像的潛在性威脅和衝突強度進行重點指標性分析。此一徵候及預警性檢查系統，並特別加權考量地緣政治、環境因素、產業特性等的特殊因素，以求正確完善。

	幕僚工作		決策使用	
	研析	驗證	判讀	決策
處理 市場導向				
權責				

潛在性威脅項目	低強度衝突／威脅（Issue）	中強度衝突／威脅（Risk）	高強度衝突／威脅（Crisis）
股價小於淨值			
負債比率過高			
業務嚴重縮退			
現金流量不足			
高階人事不穩			
新產品開發不順			
其它			

動腦時間

非常情報發酵的關鍵

為什麼許多非常情報，也就是明顯的危機訊號，明明已經十分清楚地顯現，卻常常被各個階層忽略，而終究還是產生可以避免的風暴呢？

諾貝爾經濟學獎和普立茲獎得主克魯曼（Paul Krugman），針對二〇〇八年的全球金融危機事件，在《紐約時報》寫了一篇專欄。他說：「數個月前，我和一群經濟學家及財金官員會面，討論危機過後——再來呢？一位資深決策者問道，為什麼我們完全沒有料到？」

克魯曼的答案是：「有一種解釋是，沒有人願當掃興的人。當房地產泡沫仍繼續擴大時，放貸的從業者仍可以大撈一筆；投資銀行又將這些貸款包裝成新的股票，賺了更多的錢，大家沉迷在大批的紙上財富，誰在乎悲觀的經濟學者的警告？沒有人願意分心去注意那些可怕的預兆。」

第5章 風險量化：遠離紅色警戒

「風險是一個抽象的概念，看不見也摸不到，卻令人實實在在地感受到它的存在。」

——香港理工大學財務學教授鄭子雲

台灣大學EMBA與IBM，共同打造台灣第一堂CEO養成的個案教學課程，每兩週帶領人們進入一個CEO的大腦，一同思考IBM、新加坡華僑銀行、思科等國際型企業面臨過的決策兩難。

⊙CEO最後的抉擇是什麼？

機會與風險，像是銅板的一體兩面，不冒險就沒機會，如果要冒險，又要如何將傷害降至最低？喬瑞（Philippe Jorion）將風險定義為「資產價值所承擔的非預期波幅」。風險也可說是因經營活動而衍生出難以預期的負面可能性，以及其所帶來的預期財務損失。根據國際風險評估機構普遍認定達到風險警戒的程度，是業務與市場降幅達二〇%以上，資產價值減少三五%以上。若以此估算二〇〇八年全球金融海嘯之後企業的業務及資產變動情況，恐怕有相當多的公司都到達了此一紅色風險的標準。緊接著，若持續相同的情況達六個月以上的時間，許多企業恐怕也會陷入危機的階段。

財務危機與風險管理最重要的職能，是專門處理那些因未發生的資金短缺而帶來的可能影響。香港理工大學教授鄭子雲與香港樹仁學院教授司徒永富，

風險陷阱	個案啟示
低估開發新興市場的風險	日本八百伴集團面對日本國內經濟低迷，一九七〇年代擴展業務至巴西，一九九〇年代至北京、上海、香港，但中國消費習慣尚在轉型，加以民族情緒，未能全面接受日本型態的百貨公司銷售模式。
低估擴張業務所需資金的風險	一九九〇至九六年間，在中國零售點擴至五十多處。一九九七年銷售額近八十億人民幣，面對中國宏觀調控及經濟發展放緩，轉靠信貸以維持高速擴張，利息高達四億多元，占利潤的百分比由二四%升至四九%。
低估經營非核心業務的風險	進軍綜合型大型零售市場，並為減輕租金負擔，開始自置物業，一九九四年以每呎一萬八千元出售會展廣場，獲益三億一千萬元；一九九七年獲益四億元，抵銷了本業虧損，但其後隨著金融風暴，資產下跌，集團物業也變成巨大負債。
低估借貸帶來高負債的風險	急速擴張所需投資資金，使企業陷於沉重的利息負擔。一九九七年一半收益用於支付貸款利息，短期債務最終使企業以清算來收場。

從財務風險管理的角度，分析一九九七年亞洲金融風暴期間香港百富勤、日本八百伴倒閉經過，發現企業出現財務危機的四大陷阱與其個案啟示如上頁表。

每年類似八百伴因財務風險管理不佳而致倒閉的事例層出不窮。企業經營所面對的現實如下風險聚落地圖所示，是一個動態與立體變動的世界，時間上有短中長期，功能上有生產、行銷、研發與人力資源等，而其中牽引著大局的就是代表組織血液的財務狀況。

風險聚落地圖

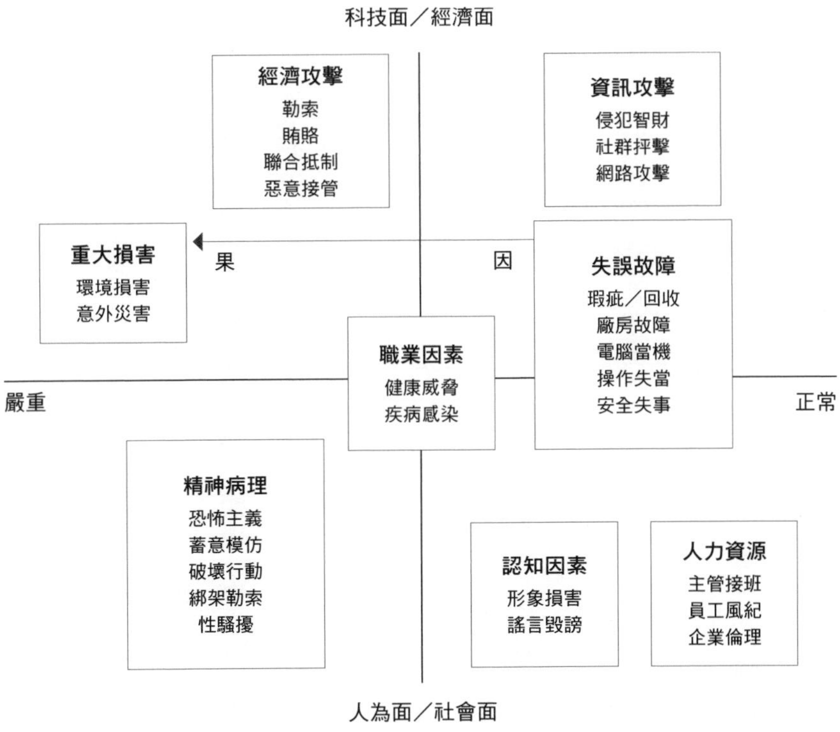

⊙建立財務預警系統

現金流量與立即可兌現的應收帳款才是真正的企業體質。而財務危機的處理之難，在於大部分的企業都誤解了資產負債表的意義，特別是誤解了許多資產中的虛漲或真正價值，也不了解公司一旦出現危機它將面臨的變現困難，加上對於「財務報告已經是至少慢一個月後的狀況顯現」也沒有正確的認識，甚至故意加以忽略所致。財務預警系統是透過制度性的運作與追蹤，來讓企業的財務危機能夠盡早呈現及被發現。

一、總體財務預警系統：

1.多元線型函數模式：速動比率（速動資產／流動負債）、動態資金狀況（現金流出流入）、固定比率（固定資產／資本淨值）、應收帳款周轉率等。

2.企業經營安全率：損益平衡點安全率＝一〇〇％－損益平衡點稼動率（損益平衡點銷售額／銷售額）與資金安全率＝資產變現率－他人資本與自有資本比率。

二、部門別財務預警系統：依企業營業活動別，包括行銷、生產、財務與研發、總務等分別建立預警線，偵查企業營運中將導致財務失衡之處，並進行必要改進。

三、主要輔助系統：

1. 及時的會計管理資訊系統（Accounting Information System）。
2. 企業相關經營資訊蒐集與分析系統（Information Count Analysis System）。

⊙追蹤產業／行業風險指標

國際商業銀行對於產業／行業的風險，包括成長風險、盈餘風險、市場結構及技術能力風險等，都有衡量的標準。企業因為站在微觀及內在的角度，經常出現技術及市場的盲點，有必要時時參考銀行

指標	內容
行業結構指標	行業內企業集中度、行業產銷方式與其銷售管道、組織及市場變化。
經濟效益與財務指標	全行業利潤總額、平均利潤率、平均勞動生產率、平均淨資產規模、平均資產負債率、固定資產投資效益、平均銷售利益、平均存貨水準。
技術能力指標	技術與設備的先進程度、研發強度、技術改造強度、科研成果轉化率、主導產品的國際競爭力。
管理能力指標	平均產銷率、獲利率、產值綜合能耗水準、環保生態程度。
政府管制指標	進入與退出的難易程度、管制方式和強度。
行業開放度與安全能力指標	行業政策變化可能、利用外資水準、出口創匯水準、國外同類產品衝擊程度。

之此一產業風險分析，作為企業經營與財務決策的依據。綜合整理全球主要國際商業銀行的產業／行業風險分析六大指標如上頁表。

⊙危機處理必須充分考量財務要素

每次在危機處理小組，我們都會要求一定要財務長及法務長加入；而每次的決策會議，也一定將財務與法務的意見納入最後決策考量的依據。

危機處理為什麼要時時考量財務，因為危機處理所面臨的最大壓力來自時間，而不論危機處理的時間是短是長，都要以財務的支援為動力。這就像拿破崙被問到打勝仗的要件時說的：「第一是金錢，第二是金錢，第三還是金錢。」

不論處理的是否為財務危機，財務的考量都是要件。例如在東帝士、太平洋傳出財務危機時，危機處理小組立刻算出企業可以運用的現金、可以變現的資產、可能遭到抽取的資金，其間差距多大，以及能夠持續維持企業的資金需求多久？我們在許多工廠事故的危機處理中，也要求立刻算出工廠損失多少？保險理賠有多少？據以作為損害談判時的參考。遠通電收的ＥＴＣ爭議非財務危機事件，但在處理的過程中，無不時時考量到任何決策將對財務產生的影響。

財務的數據是最有力的說服工具。企業處理危機時最需要大股東的支援及政府部門的諒解，危機決策對財務所可能產生的數據結果，是引導各方回到溝通主題，也是結束各方爭議的證據。數據當然是量化，不是形容詞。量化會讓人理智，形容詞則很容易讓人情緒化，陷入不必要的意氣之爭。

前述遠通電收ETC危機事件主要的爭議之一，在於這件工程是政府的BOT案，全國各界因此對於電子計費器（OBU）應該充分考量社會公益而予以免費的呼聲甚大，交通部面對龐大輿論壓力，也強烈主張遠通應該模仿門戶贈手機的行動電話行銷模式，或至少將售價降至成本以下。遠通電收精確按照官方要求及市場可能用量，算出因此可能造成的資金缺口，顯示不出三個月，公司即將面臨財務困境。他們同時也請法律與經濟學者從專業的角度，解釋社會公益的真正意義，也說明如果OBU免費，等於是對國家資源的誤用，也將造成日後管理的一大困擾。最後官方終於理解。

⊙畫出企業經營安全象限

危機處理的目的當然為求組織能夠轉危為安，進而能扭轉乾坤，再創高峰。危機處理小組主要成員此時絕對要有迅速、有效的溝通能力，能在有限的時間，利用圖表說明，贏得決策領導人及全體成員行動的共識。此時若採取某一決策行動，其對企業經營產生的安全程度影響或結果，一定是大家關注的焦點。

如前所述，危機一旦發生就如進入戰爭狀況，財務是一切資源的動力，而安全則是一切努力的目標。對企業而言，經營安全的縱軸是資金的安全率，橫軸是損益平衡的安全率，兩者交互構成如圖示的「企業經營安全象限」。如此標出四個象限，危機處理小組即能對企業因處理危機所將產生的安全變動有動態與完整的了解，不致落入瞎子摸象的偏見。

企業經營安全象限與營運策略

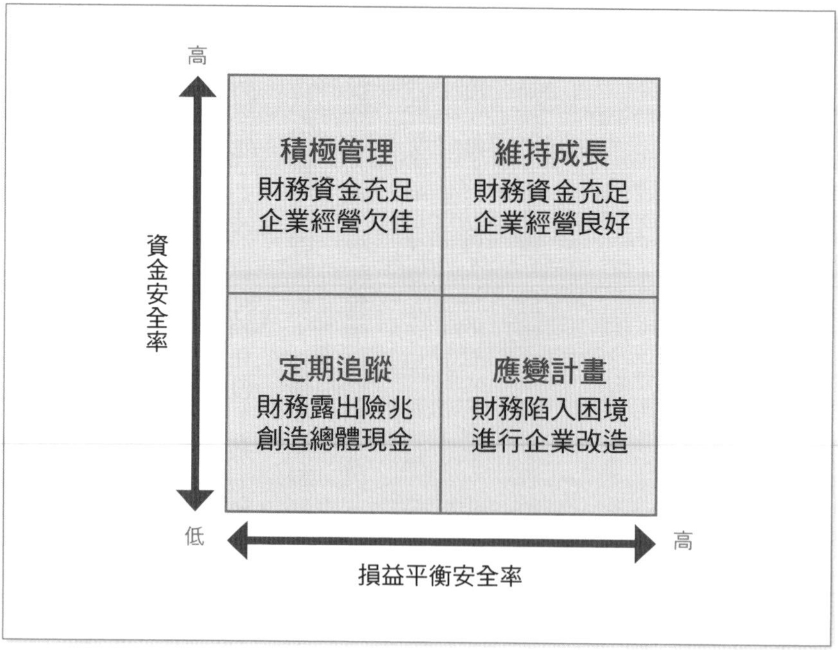

象限式圖示的另一好處是，危機處理時的會議大部分是跨部門、跨功能的溝通，這種圖像式的表達，有助於大家及時的了解與有效的互動。領導人能夠易於修訂，他的裁決也能夠立即有效地傳達出去。

個案啟示

績效致死：福斯和通用汽車的共同罩門

「困，是許多跨國大型企業危機的源頭。知困之因，而得解困之方，是《易經》的智慧之道。」

——美國加州大學管理資訊系統教授陳明德

二〇一四年四月一日，美國國會電召通用汽車公司執行長芭拉（Mary Barra）到國會聽證，說明何以通用多年延誤召回一百六十二萬輛點火開關有瑕疵的小型汽車，因此造成十二人死亡和三十一起事故。芭拉公開道歉，表示公司拖了太久，才通知車主把車子帶回車廠修復。

這個點火開關如果遭到厚重鑰匙圈的碰撞或重壓，可能會切斷引擎動力，使安全氣囊失效。

大家心中的疑惑，都跟哈佛商學院講座教授艾蒙森（Amy C. Edmondson）一樣，不是這個危險的瑕疵如何、以及為何發生，而是通用公司的價值體系和企業文化出了什麼問題，才讓乘客安全受到這麼重大的損害？

通用汽車是全球最大的汽車製造商，一九七九年全球員工曾多達八十五・三萬人。二〇〇一年通用銷售八百五十萬輛汽車。二〇〇二年，通用售出了全球轎車與卡車總量一五％的汽車。二〇〇七年通用汽車全球銷售九百三十七萬輛汽車，銷售量仍為世界冠軍，也是連續七十七年全球汽車銷售冠軍。二〇〇八年全球銷售量被豐田汽車超越成為第二名，但在美國市場銷售量則一直保持第一名。二〇一一年通用汽車銷售量又重回全球第一。

通用還擁有電子數據系統公司，旗下的通用汽車金融服務公司（GMAC）也是全球領先的金融服務公司，向全球客戶提供汽車和商業貸款、抵押融資以及保險等服務業務。通用汽車Onstar則是汽車安全、資訊服務方面的業界領導者。

二〇〇九年，因次貸危機引發金融海嘯，財務受到嚴重衝擊的通用汽車公司為求美國聯邦政府援助，宣布破產重整，讓舊通用汽車破產、股票下市，並經法官同意，立即將剩餘資產轉賣給剛成立的新通用汽車公司，再將新通用汽車大部分股權交給美國政府成為國營企業，換取美國政府援助資金，雪佛蘭與凱迪拉克、別克、GMC被宣告為重整後在美國市場上保留的廠牌，二〇一〇年十一月，股票好不容易重新上市。二〇一四年四月這場安全危機風暴，再次重擊通用汽車形象。

通用的高階主管究竟是何時、以及如何得知點火開關的問題，各種報導的說法不一。有的報導，「該公司承認，至少十一年前就得知這個點火開關問題，但直到上個月才召回車輛。」有的報導，「通用曾說，這個問題早在二〇〇一年就發現了，到二〇〇四年時，在即將問世的雪佛蘭車款測試階段，公司某位工程師無意間發現這個問題。」《福斯商業電視網》報導，「芭拉在十二月查明關於Cobalt車型的一項檢驗，當時她還是通用全球產品開發部門的負責人。」《紐約時報》一篇關於召回車輛的文章中，芭拉聲稱，直到一月三十一日才知道瑕疵產品的嚴重性，當時她接任執行長才兩個星期，她獲悉有兩個安全委員會做出結論，表示必須召回車輛。

哈佛商學院教授艾蒙森指出，在擁有強大安全文化的組織中，這種高層毫不知情的狀況，是不可能發生的。靜觀其變的隱瞞習性雖是人之常情，擁有強大安全文化的組織，卻會排除這種習性。因為，這類安全文化最重要的特點是，一旦出現失敗，公司會即時主動地探討那些失敗案例。汽車工業尤其要重視任何微小和看似不重要的瑕疵差異。如果沒有人呈報，大家都裝作沒看到，安全性就會是頭一個犧牲品，進而導致後來災難性的危機風暴。

「我想要先致上個人的萬分歉意，以及通用汽車對整起事件的萬分歉意。顯然，有人為此喪生，而且有家庭受到影響，那是很嚴重的。」在致通用員工的一支影片中，芭拉再度道歉，並表示：「在這次情況中，我們的流程出了問題，導致可怕的事情發生。」汽車研究中心前主任大衛．寇爾（David Cole）表示，通用汽車執行長為一項安全問題道歉，是他記憶中的第一次。很多民眾懷疑實際情況比這種說法還要戲劇化。《紐約時報》報導，「除非國會傳喚，否則企業最高階主管總會避免談到召回。」

績效致死，一切以財務為導向

成功的原因各式各樣，失敗的原因卻總有相同之處——比如過於追求短期效益，只盯著眼前的大餡餅。那些餡餅，終有一天，會一個又一個變成陷阱。

被稱為「產品大帝」的盧茨（Bob Lutz）曾在通用汽車、BMW、福特、克萊斯勒四家全球汽車大廠擔任高階主管，其中，在通用待了十五年。他在《績效致死》書中指出，通用就是被一個巨大的陷阱給害了。商學院和經理人制度導致企業高層片面注重數字分析，從而導致一種財務報表驅動的管理風格，正是他們毀掉了美國製造業的創新精神。他認為企業應該由業務主導，而不是財務主導。

導致通用汽車滑入困境並走向破產保護的真正原因，在於它在相當長的時間內偏離了產品本質。盧茨說，財務主導的經營模式會導致企業創造力低下、產品研發投入縮水等問題，最終侵蝕企業核心競爭力，而業務研發才是長遠的發展之道。在業務領域，不應著眼一時一地的收支平衡和得失，而是企業真正提供的價值和未來的發展。無論是汽車行業還是其他行業，無論當下多有競爭力，如果犯了同樣的錯誤，照樣淪陷無誤。

二〇〇一年，通用將已從克萊斯勒退休的盧茨再度請出山就職副總裁，主導通用的產品開發，達到事業顛峰。他在通用期間，將財務上的守財奴作風、辦公室政治、內部地盤爭奪、風險規避作為前進道路上的主要絆腳石一塊塊清除，帶來了一系列的產品創新，包括凱迪拉克十六號概念車、CTS轎車，雪佛蘭Malibu轎車、二〇一〇年別克新君越等等。在二〇〇九年全美經濟緊縮中宣布破產之後，通用因為全面貫徹盧茨的管理思想，而重回汽車製造業的正軌。

二〇一五年十一月，芭拉接受《華爾街日報》專訪時表示，汽車市場近年來經歷重大轉變，競爭對手不再只是傳統汽車大廠，還包括蘋果、Google等跨足汽車市場的科技公司。在科技當道的汽車市場不能再一味追求市占率，而是必須設法提高獲利率。

面對快速變遷的汽車市場，芭拉非常同意通用北美總裁巴提（Alan Batey）常說的一句話：「時間總是與我們作對。」正因如此，芭拉讓通用的營運隨時都處於危機模式，強調唯有掌握持續獲利的市場才是最大贏家，並將投資重點轉向獲利空間較高的領域，而車用軟體正是其中之一。

無獨有偶，福斯汽車造假風暴

二〇一五年九月，德國福斯（Volkswagen）廢氣排放造假醜聞，不僅震撼德國企業與政壇，也引起全球譁然。德國經濟研究所所長胡爾特表示，基於汽車工業對德國的重要性，「這件醜聞不是小事，已傷到德國經濟的核心」。福斯危機打擊市場對德國產品乃至於德國經濟的信心，不僅拖累歐洲股市，甚至可能傷及歐元。

德國福斯汽車集團的發展是二十一世紀的傳奇。二〇〇五年的福斯，營收為九百五十二．七億歐元，員工三十四．五萬，靠著併購擴張，現在旗下品牌除了福斯外，還包含奧迪、保時捷、斯科達等十幾個，二〇一四年總營收達到兩千零二十億歐元，全球員工超過六十萬人，不僅是德國第一大企業，在二〇一五年上半年還擠下豐田汽車，成為全球第一大車廠，達成所有車廠夢寐以求的目標。

就在攀上世界第一後，假象卻被美國環保署戳破。福斯在美國銷售的柴油車利用特殊軟體，讓車輛進行廢氣檢驗時，即啟動控制來改善廢氣排放效率。這樣的造假不僅馬上面臨美國一百八十億美元的罰款，也讓福斯股價在兩天內下跌近三成，市值蒸發超過兩百五十億歐元。福斯美國總裁霍恩（Michael Horn）坦白承認公司有「不誠實」之處，更直言「我們完全搞砸了」。

福斯汽車過去之所以受大眾喜愛，就是在德文裡Volkswagen便是大眾的意思，有著樸實、穩當、安全及平價的意涵。此次造假卻是因為柴油車在啟動廢氣排放控制裝置後，會影響效能表現，而刻意在非檢驗時，關閉排放控制。這也就是說，福斯不是為了節省成本，而是誤導消費者，買福斯柴油車，不僅省油，同時也能兼顧環保及性能。福斯高層何以真以為他們可以永久欺瞞消費者？很多消費者也感嘆，這樣的現象到底是單一事件，還是德國工藝精神淪喪的開始？

福斯為了性能而造假終究付出代價，但大家關心的是，德國傳奇是否為因此中斷？甚至被顛覆？另外，值得探討的是，「性能」真是未來汽車銷售的決戰關鍵嗎？恐怕未必。現在，許多新興汽車廠一直嘗試透過物聯網等與汽車整合。很多產業專家認為，當智慧汽車時代來臨，性能的訴求將只留在特定市場而已，如果福斯看不清這一點，危機恐怕還不只於此。

三菱謊報油耗數據，再創車業震撼彈

二〇一六年四月二十六日，日本三菱認了油耗數據造假二十五年，這又對全球消費大眾丟出震撼彈。三菱坦承，採用不符日本規範的油耗測試方法，假造油耗數據已有二十五年，遠比先前承認的十四年還長。公司內部設定嚴苛的油耗標準，可能讓員工感受到壓力，進而誇大油耗數據，公司將延請外部人士組成委員會調查此事，並在三個月內報告結果。

三菱汽車副社長中尾龍吾説：「我們從一九九一年起，就對日本國內市場採用這種測試方法，不過我們還不知道牽涉到多少種車款。」三菱汽車股價立刻應聲下跌九．五八%，以每股四百三十四日圓作收。自從上周三菱承認假造四款輕型車的油耗數據後，三菱市值已跌掉一半，約三十九億美元。

中尾龍吾説，日本政府從一九九一年起改變規定，要求油耗測試方法反映都市裡走走停停的開車方式，但三菱並沒遵守，「我們應該改的，卻沒有改」。三菱高階主管横幕交二説，公司在研發輕型車的兩年內，提高油耗標準五次，從每公升二十六．四公里提高到每公升二十九．二公里。中尾龍吾説，內部調查結果顯示，員工因此感受到壓力。假造油耗數據時是採用美國而非日本測試方法，在美國，高速行駛、車速穩定是常態，在日本，走走停停才是常態，也比較耗油，採用美國方法是因為需要的時間和路程都比較短。

動腦時間

知困之因，解困之方

企業經營如同登聖母峰，有時敗在勉強攻頂，卻準備不足，有時留戀峰頂美景，而輕忽下山的風險。一個領導者，若無雄心，不會想攻頂，但何時該停、何時該攻，當商業與道德有所牴觸時，又該如何權衡，處處都是困，場場也都是考驗人生智慧的修練。

《易經》以變為主題，美國歷史學者威廉·博斯特（William M. Boast）特別推崇它結合規律和變動的智慧，認為這種調合陰陽的哲理，是現代人面對世界複雜多變挑戰的有利法寶。

《易經》的困卦，上卦澤，下卦水，澤中本應有水，但水在澤下，澤中無水，成了困局之象。困的含義有兩種，一種指物質上的困乏，為

爻象	爻辭之意	企業	個人
初六：困於木牢	困於自身的錯誤	企業文化	認知不清、錯誤
九二：困於酒食	欲望（財、色、名）	自身的利益	追求名次、獎勵
六三：困於石牢	困於自身的執著	不切實際的願景	剛愎自用
九四：困於金車	困於價值觀、習俗習慣、意識形態	過去的輝煌歷史	囿於成見、書本
九五：困於赤紱	困於權力的迷惑	企業老臣 內部鬥爭	囿於派系、鬥爭
上六：困於葛藟	困於思想的困惑	傳子傳賢 企業方向	左右為難

身困；一是指精神上的困頓，為心困。而根據爻象，分別有六種之困及其相對於企業和個人所可能代表的意義，見上頁表。

各位讀者從《易經》的困卦的爻象和爻辭的六困，相對於通用和福斯兩大汽車的危機，看出他們分別陷入那些危機之困呢？又應該如何取得解困之方呢？

第三篇

危機降臨

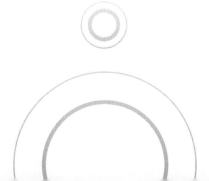

第6章 危機三百六十度：動態危機與戰略管理

微軟總裁比爾．蓋茲說：「其實微軟每天都面臨著危機，如果微軟要垮掉，只需要十八個月。」英特爾前總裁葛洛夫說：「在危機中生存，反而可以避免危機。」

台塑六輕一年六次火災事件、鴻海深圳廠半年員工十三跳的事件、統一等食品大廠涉及塑化劑事件，這些都是公共危機的典型。而公共危機的特色是它會迅速地引起全體產官學的高度關注，新聞媒體更會緊追不捨，用挑剔的眼光來報導。

企業因為政府或公共政策而引起的危機如果處理不善，不但政府關係將受到破壞，企業也將飽受國會、媒體及社會各界的抨擊，以致企業與集團的形象大受損傷，營運也勢將大受影響，茲事體大，不可不慎。

⊙抨擊來自想像不到的四面八方

企業政策與公眾關係的維繫是企業主與高階主管責無旁貸的責任，對於此一事務平時應該善加管理，不能只有專注營運，以為本業無事就可萬事太平，如果一旦發生危機則要知道如何妥善處理。

企業的公共政策危機，主要是指來自政府行政部門因為司法判決、行政裁量、立法審議、合約權益有違企業責任或社會正義等，而對企業產生足以引起社會大眾廣泛爭議的事件。

我們根據處理近百家國內外大型企業與政府相關政策危機的經驗，使用圖表、文字與比喻，指出危機的每一階段的來源、出現的主要問題及可能演變與影響，提綱挈領，摘出重點，作為大家的參考。

這裡先假設企業像一艘在大海裡前進中的戰艦，一旦出現危機（被發現），勢必面臨來自敵軍陸海空各方強烈攻擊的威脅。依此假設，類似危機產生的時候，企業處理危機的步驟如同戰艦應戰，建議其合理與有效的制式動作，或是它的處理或管理模式（Management Model）是：

1. 艦長（如同企業的執行長或總裁）發布戰艦已有危機，戰艦即將遭受各方攻擊，各個部門立即進入戰爭狀態，按作戰職能就戰鬥位置。遠通電收董事長徐旭東在ETC危機事件中當機立斷、指揮大局，可為借鏡。

2. 艦長、高階主管（企業五管GM）、高級參謀（公關、法務）立即組成聯合作戰指揮及參謀本部（企業危機處理中心），盡速明辨攻擊的來源及強度，並預估各方個別的攻擊及聯合作戰計畫及

政策危機動態

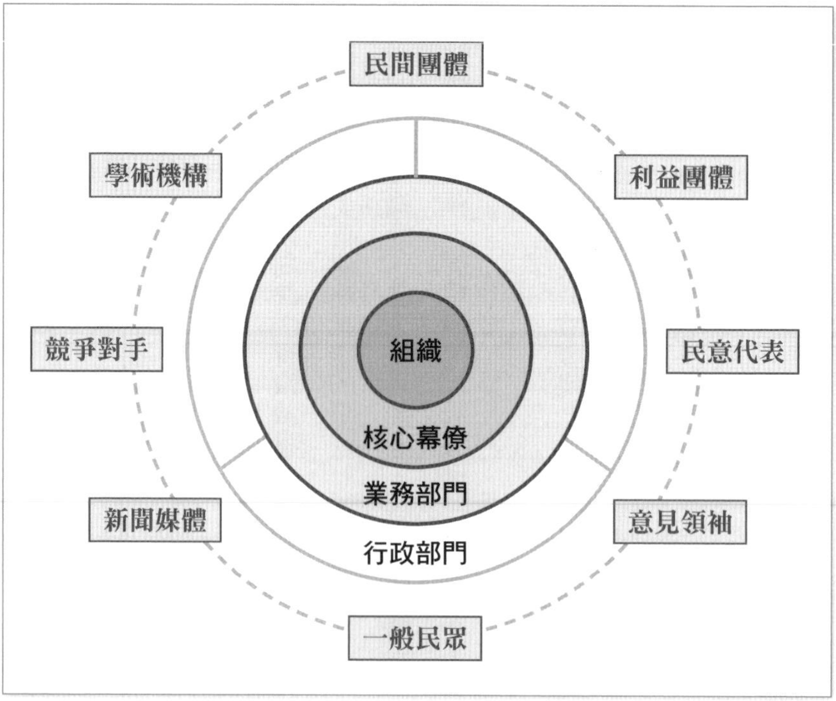

策略。企業在處理重大危機時尤其應該善用外部顧問團隊，讓行動策略更為周全。像是遠東集團與中信金控皆十分擅長。

3.聯合作戰參謀本部盡速按照整體作戰計畫，隨時參照戰況的演變與所有內外可用資源的多寡，擬定現行的作戰方案，發布執行，及時追蹤戰果，調整作戰方法與方式。

4.艦長立即電告總部與友艦友軍，尋求其作戰支援，並指派副艦長（VP）與高級參謀負責與之聯絡，將協議納入聯合作戰計畫。

5.作戰結束，論功行賞，獎勵戰士，感謝友艦友軍，並與敵軍建立和平協議與溝通機制。二〇〇八年，友達光電董事長李焜耀在內線交易事件的危機後處理（後詳述），迅速底定企業內部人心，是為典範。

⊙二十四小時團隊應戰

處理危機時，影響最後成敗的關鍵因素以及有效與否的行動對策，包括：

1.危機處理計畫與方案是作戰的綱領與行動的守則，它的擬定與事業計畫方案大同小異，簡要程式是ESOSTT＋5M，E（Executive Summary）是執行綱要，S（Situation）是環境或現況評估，O（Objective）是總體目標，S（Strategy）是行動策略，T（Target）為目標對象，以及T（Tactics）執行方案。

2. 五M，第一個M是人（Man），即負責人是誰？或誰負責執行？第二個M是錢（Money），執行危機對策要花多少錢？及其將對組織產生的利害衝擊是多少？第三個是檢討追蹤（Monitor），追蹤危機處理方案的進度、成效與差異；第四個M是修正（Modify），及時調整行動對策。第五個M則是時程規劃（Minute），即遵照議題與危機的處理排定工作時程。

3. 企業平時即應建立此一危機管理制度與方案，且要演習練兵、時時教育、提醒修訂。像是高鐵執行長歐晉德帶領全體員工進行突發事件等應變演練，也十分重視顧客爭議等危機事件的處理，便值得學習。

4. 一旦開戰，組織的各個部門，固然其應戰時間隨著作戰的需要、戰況的演變與職能的不同，有先有後、有合有分，但全部部門都應同時進入戰鬥位置，而且每天都能獲悉戰況與後續重點行動對策。

5. 就企業危機處理的一般常態，由於危機發生後第一個立即產生的攻擊會來自「泛公共部門」，包括行政部門、立法機構、新聞媒體與社會大眾，因此在危機的第一階段，「泛公關部門」的角色吃重，發揮的功能也較顯著；但進入後續階段的民眾關心、參與程度的增加及它的實質權益影響程度的擴大，「泛業務部門」必須接續擔綱，善盡職責。企業危機處理經常出現的缺失是，到了第二階段，泛業務部門仍然要求泛公關部門用公關手法來處理業務困境，而不思考如何趕緊提升產品及服務品質，降低消費大眾的不滿與社會各界的抨擊。服務業特別有這種惰性，國內企業十之八九在處理危機時皆如此。

6. 公關部門不能淪為企業危機的救火隊或消防局，它平時要能參加企業營運決策會議，危機處理部門主管能夠兼任董事長或總經理特助是一個好的安排，平日透過公文與財務報表的流程即能掌握機先，不致變成後知後覺。

作戰，是處在二十四小時全天候與陸海空的立體空間，加上戰艦本身是在航行狀態，戰爭狀況瞬息萬變也十分複雜，總籌指揮、分工作戰十分重要，特別是對攻擊的來源不能只估計與重視到可見的及平面的攻擊（政府、國會、媒體、民眾），更要格外重視隱藏的及非平面的攻擊（學界、意見領袖、利益團體、非政府組織）。

在這一個階段，如果是股票上市公司，危機又與政府政策及公共權益有關，就得格外注意立法委員、消保團體與環保團體的抨擊。民意代表問政還有言論免責權，加上媒體常不加求證就大幅報導，經常會衍生許多困擾。隨時保持溝通管道的暢通及輿情的分析，是降低這種誤報的良方。

而政策議題類的危機，像是ETC等重大公共BOT工程得標之爭，對手特別容易利用利益團體暗中攻擊，不能不防，最好有反制的對策。

⊙眼觀四面，耳聽八方

作戰不能孤軍奮戰，處理企業政策危機也是如此。任何團體都有正反意見及立場人士，企業平時更不能一點人脈也沒有。股票上市了，政府、國會、媒體機構總要有一些朋友，對非營利機構也要用點心，而且這種事至少要有一位高階主管用心。企業不能在真空中經營。

CEO危機處理決策之難在於決策形成的階段，他必須廣開言聽，特別是外部意見，權衡輕重、掌握底線；一旦進入要下決定的關鍵時期，他必須能騰空觀照、跳脫單一思考，以大局為重、勇於任事。CEO下危機處理決策的關鍵時刻常有的一句話是：「把法務及財務主管丟出去！」因為此時的他要以全局的生存及成敗為重，不能只局限於一隅。而數字是贏得社會各界信任的最佳語言，也是處理危機最好的工具。數字代表截至目前的成果或在某一假設前提下預計的成果，危機溝通時對所有目前或預估成果的解釋必須轉為數字，而且善用「相對比較」的差異，凸顯優勢與特點。財務主管在危機處理時，要時時將行動對策轉成財務數字，供CEO與專案團隊做決策時的參考。

數字也是過程的展現。危機處理最怕平時沒有建立制度及計畫，一旦危機發生又不能充分掌握重點的原因、全盤的狀況，並且無法及時預知其將衍生的傷害或影響，讓危機越滾越大，外界疑慮也越來越深。

簡單的圖表、淺顯的文字及語言，是對政府、國會及媒體溝通的必要技術。政策溝通的語言是先講結果，再敘過程，而且最好兩張文本就全部講出重點，用簡單圖表說明因果、互動與先後關係也是高招。

此外，絕對不能對部長講科長的話；政務官關心的是政策的效果能不能贏得選票，不是執行的細節，那是事務官的工作。與政府決策部門溝通是處理危機的必要功課，與媒體高階主管，甚至發行人的直接溝通也一樣重要。

要充分了解政府及國會的決策過程、媒體生態及運作方式，特別是報紙不要看一半，不要報導與社論不分，對行政官員與國會議員的應答也要明察虛實，知所究竟，才不會走錯方向，痛失處理良機。

實用工具

人類在危機中焦躁的來源

風險、不確定性、不知與無知是危機管理中重要的心理課程，特別是人在高度不確定情境下的心理認知和行為模式。

二〇〇二年諾貝爾經濟學獎得主暨心理學家康納曼和經濟學家托文斯基（Amos Tversky）運用系統科學與認知心理學的前景理論，研究危機事件下的個體行為，通過問卷調查、檢驗分析、變量數據，探討危機條件下人們行為決策的特徵和規律，是危機決策必須參考的知識。他們的實驗證明，人在不確定的情況下未必會採取合理的決策，也催生了今日「行為經濟學」的發展。

危機狀態下，當行為個體發現依靠自己有限的能力無法獲得安全感時，人們就會從政府、媒體、專家和自身的經驗與直覺等方面去尋求答案，來獲得心理的滿足，消除心理的不安。而當外界的因素無法對一個不確定的前景擁有明確的答案時，經驗和直覺就會占有重要地位。

人類的一些固有認知，會不知不覺地左右他們的行為，認知偏差就會顯現，面對不確定性時，則會有一系列系統化的不理性行為。人的心理和行為表現一般會有哪些偏差？一般可歸納成以下幾項：

- **小數法則**：人們期望一個很小的樣本能夠反映總體情況，或者是從很短的系列事件中推斷出大量的訊息。
- **證實偏差**：人們一旦形成了一個信念，就不會對反對這個信念的任何訊息產生興趣。人們會主動把一些不能證明他們最初看法的證據進行篡改。公説公有理、婆説婆有理即是事例。
- **後見之明**：人們總是事後誇大自己在事前認為這件事情發生的可能性。媒體的名嘴現象是其中最典型的代表，事後批評總是頭頭是道，實際上它只是一時表象的反應，對解決問題卻不一定有參考價值。
- **記憶偏見**：即使有更可靠的消息來源，人們也寧願相信自己記憶中的那些生動的經歷。人們也記得事件的高峰和結尾，而不是過程和情節。在危機發言和溝通時要格外善用此一偏見。
- **過於自信**：人們都認為自己所關心的事物比別人更好、更聰明與更有才。

- **定錨效應**：在進行數字評估時，人們總是在尋找一個起點或一個錨點，來幫助自己進行估算。
- **損失厭惡**：人們在危機中反而會不理智地賣掉好的資產，卻死抱著不良資產不放，理由是，人們先天就存在損失厭惡的心理，很難忍受損失的打擊。

動腦時間

失火時，你要救羅浮宮的哪一幅畫？

想想看，如果法國羅浮宮不幸失火，你只有時間救出一幅畫，你會選擇救哪幅？答案是離你最近的那一幅。

關於這類緊急狀況下的危機決策，你必須明瞭以下八點：

1. 危機發生後的標準緊急狀況是，問題的成因和結構都非常複雜，而且彼此之間又相互交替影響。所以，理想的假設條件是，危機決策者的第一要務是洞悉問題發生的時間、種類和現況；但是，即便如此，一般在抵達火災現場前，對於災難的整體發展情況很難有確切的資訊。
2. 危機決策都是在高度不確定的動態複雜演變情境下完成，資訊經常不充分、模糊不清或者品質不佳。何況，火災情況普遍瞬息萬變。

3. 救災的目標也可能隨時會變，情境總是出乎你的預料，本來是救建築，一下子又變成救人，忽然又可能變成救自己的打火夥伴。而且火勢的情況越多變，目標就會轉變得越突然。

4. 緊急的應變反應要隨著事件的演變而演變，而不是只針對事件本身；因此，建立行動——回饋的反應迴路機制非常重要，這樣才能隨著演變，知所先後及有條不紊地進行救災工作。

5. 危機的第一敵人是時間的壓力。大家經常欠缺時間去針對問題做理性複雜的分析，特別是每個人也都處在高度的精神壓力之下。

6. 救災也是一件高賭注活動。每一個人顯然都不願意在此救難中發生威脅生命的錯誤。

7. 救災是一個多人的團隊，雖只有一人指揮，但每一個人都是生命和榮耀的共同體，必須相互支援，解決問題。

8. 組織的目標領導著決策，它跟個人生活中的決定不同。成員的每一個救災行動都要依組織的規定和標準行事。

第7章 緊急應變管理運作SOP

突發性事件與行為決策息息相關。善用系統科學與認知心理學的基本原理，特別是行為經濟的前景理論，研究危機事件下的個體行為，通過問卷調查、檢驗分析、變量數據，探討危機條件下人們行為決策的特徵和規律，是危機決策的必要參考。

二〇一一年三月十一日，日本東北部海域發生地震、海嘯及福島核外洩事件後，政府部門開始重視複合式的災害。過去，對一般災害的防治及發生之處理都是使用「災害防治」這一通用名詞，「應急管理」此一跨學術之專業領域，運用科技、計畫及管理，以應付可能遭致大量人員傷亡、財產損失，或甚至破壞社會或地區正常運作的方法，開始廣受世人重視。

二〇〇七年底，美國聯邦應急管理總署，定義「應急管理」是藉由一管理架構之運作，發揮功能，用以降低災害弱點與面臨災難挑戰。聯合國國際減災策略大會（ISDR）對「緊急應變管理」的定義是，針對緊急事件各階段之資源與責任的組織及管理，尤其是整備、應變及初期重建階段的步驟，明確說明災害或災難的處理，就是要利用科技及管理兩者，以減輕災害對人們及財產的衝擊。

⊙ 緊急應變管理的發展

一九七九年在美國總統卡特任內，統合多個應急管理單位，正式成立聯邦應急管理總署（ＦＥＭＡ），幾乎與內閣其它部會平行，直接向美國總統報告。二〇〇一年九月十一日美國受到恐怖分子同時攻擊紐約及華盛頓美國國防部的驚人事故，美國立即於十月份成立國土安全部，將ＦＥＭＡ、海岸防衛隊及特勤局等二十二個單位，納入國土安全部之下。但是ＦＥＭＡ可直接向總統報告，其署長由美國總統所任命。各州及縣亦多有類似的應急管理辦公室，專職應急管理的專門業務。

美國及新加坡應急管理的主導單位都是由原民防體系轉變或負責。二〇一一年日本東北部海嘯事故後，許多國家開始重視此一特色，將民防體系與現有的災害防治業務予以調整，以在系統上進行整合，值得借鏡。

⊙ 緊急應變管理的核心精義

緊急應變管理的精義不是管理事故，而是解決危機。國際知名的油田救火專家亞戴爾（Red

Adair）以「地獄戰士」來形容緊急救援的必要作為：飛入現場、撲滅大火，然後走人。危機領導和工作團隊要有旺盛的中心思想：不只度過一個危機，還要將危機轉變為優勢。

- 緊急是指任一事故（Incident）的發生，即將或已經威脅到人們的傷亡或造成財產損失。通常一般緊急的事故多發生在個人或地區性，例如：個人緊急醫療或交通事故之緊急救護車的派遣；甚至少數人受傷的工業安全事件等。而應急管理所指的則是大規模的災害，影響社會層面較廣，一般的颱風、洪水及海、空難事件均屬於應急管理的範疇。
- 管理是指利用組織的運作，有系統地建立指揮、管制及協調能量，有節奏地規劃及調配相關資源，於擬訂的時間或進度下，達到團隊運作的整體目標，以迅速恢復社會之秩序。
- 災難（disaster）是當事故發生，已經對社會整體的基礎建設，如：道路、電力系統、供水及排水等維生系統造成破壞，或大量人員的傷亡、人民財產的嚴重損失。以目前國內中央應變中心的運作，大致上是以超過十五人的傷亡，即視之為重大災難。
- 災害（hazard）是指無論天然或人為的事件，可能對社會造成嚴重的負面影響，甚至導致災難的發生。

⊙ 綜合性應急管理的三個重要概念

綜合性應急管理是美國經過長期演變所發展而成，由美國負責災害管理的專責機構——聯邦應急管理總署於一九七九年所提出，以垂直整合，從聯邦政府、各州政府到郡政府間，各層級間的垂直指揮管制；另建立各不同災害管理單位間的水平協調聯繫。美國各級政府陸續接受及使用「應急管理」這一名詞。綜合性應急管理具有三個重要的觀念：

1. **面對全方位災害：**將原來分別針對各個單獨災害的整備及應變觀念，轉為面對全方位的災害（all-hazards approach）。所以應急管理是包含

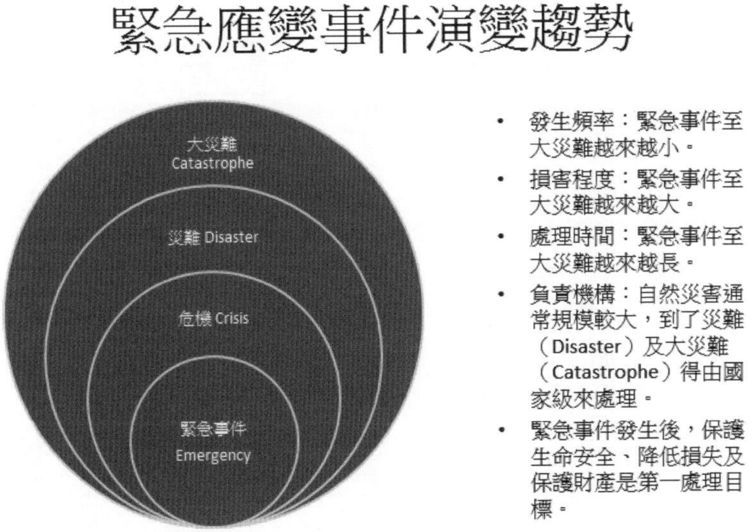

緊急應變事件演變趨勢
大災難 Catastrophe
災難 Disaster
危機 Crisis
緊急事件 Emergency
• 發生頻率：緊急事件至大災難越來越小。
• 損害程度：緊急事件至大災難越來越大。
• 處理時間：緊急事件至大災難越來越長。
• 負責機構：自然災害通常規模較大，到了災難（Disaster）及大災難（Catastrophe）得由國家級來處理。
• 緊急事件發生後，保護生命安全、降低損失及保護財產是第一處理目標。

人為及自然災害兩大類。人為災害是指恐怖攻擊、核子事故、流行性傳染病等等。

2. **建立各單位間之合作夥伴關係：**災害的發生通常都非常突然，瞬間即造成大量的資訊混淆，不僅需要快速釐清災害的範疇，更需要靠各單位的協力，才能了解實際的災情。合作夥伴的關係直接影響救災資源的分配及調度，影響決策方向。

3. **應急生命週期：**災難的發生，不可能只有一天或短暫的時間，它有其發展成形的週期，通常分為減災、整備、應變及重建四階段。每一階段都有其不同的管理策略、目標及方式。

綜合性應急管理概念的提出，讓應急管理的範疇，有更清晰及詳細的說明。不少人一定會覺得詫異，為什麼各種不一樣的災害，不同的場景，如何能用應急管理的綜合理念予以概括？例如，水災或核子事件是屬於完全不同的專業及危害，但是從管理的角度觀察，兩者反應的邏輯極為類似：要統整災情、建立共通作業畫面、決定資源管理的政策、任務指派及管制、各級指揮所之聯繫、溝通、協調與指揮管制等，作業內涵與過程都相同。換句話說，應急管理的理念強調的是應變的邏輯思維過程，而不是災害的類型。所以不同類型的災害都可以單一的概念予以敘述及說明。

⊙應急管理的六層應變架構

面對任何一種災難，都需要盡速掌控情勢的發展，了解各事故現場的需求，然後決定資源的分配方式，希望能將事故局限於一個範圍內，避免事態擴大或甚至立即投入大量資源，撲滅源頭。

因此，就事態的管理面來看，所有的災難都有其相當類似的管理邏輯。建立應急管理框架的目的是，當面對災害時，將管理工作區分為不同層次，以有助於分析及規劃整體的管理運作。下圖的「應急管理架構」將應急管理區分為六個層次，由下而上分別如下：

1.偵測網路層：這一層次的網路是由許多的監測或感測系統所組成。藉由偵測的結果，以掌控整個環境的變化，它可能是由一般民眾的報案彙整；或因應災難發生時，所派出的偵查小組報告。就資訊自動化的角度來觀察，這一網路層次的訊息，也可能代表土石流的監測、橋樑結構監測、雨量監測。核子事故時，電廠內輻射程度資訊或是大氣輻射環境偵測，是提供這一應變的基本資訊。

2.模式預測層：偵測網路層所獲得的資訊，最好的狀況是即時（real time）或近即時（near real time）的資訊。然而這些資訊都屬於某一地理位置點或局部地區的暫時資訊，對全面狀況的先期預測或可能發生的災難預報，則有賴各種不同種類的模式，予以分析及預判。例如台灣地震損失評估系統（TELES）、中央氣象局的雨量預測模式、土石流的監測及預估模式等都屬於此一層次的輸出結果。

3.戰術行動層：搜救行動是任何災害發生後，所應立即採取的行動，其目的在保存生命及減少財產的損失。通常這第一線的救難都是由消防或警察單位所擔任。當災害的警訊傳出後，第一時間到達現場的人員，除應立即回報現場狀況，更要積極搶救生命。資深人員宜立即選擇適當地點，成立現場前進指揮所（Incident Command Post，ICP），指揮事故現場的救援工作。同時執行事故管理系統（Incident Command

應急管理架構

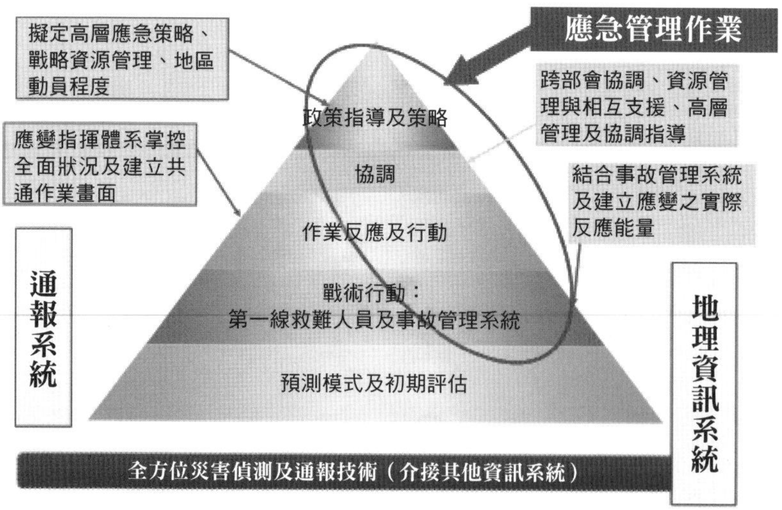

System，ICS）的運作，這是一類似軍事作戰的聯合作戰參謀編組的彈性組織，使分屬各部門的消防、警察、軍隊、地方政府單位及非政府組織的力量得以統合。

4. **作業反應層**：現場指揮人員針對現場狀況的發展及擁有的資源能量，將依據各個偵測點所獲得的片段資訊，予以彙整，初期評估災害的範圍及可能擴大的影響。在確保救難人員安全的前提下，擬定即時的應變行動概念，建立作業執行的優先順序及任務派遣計畫。同時考量現場任務狀況，建立需求清單。若決定撤離，交通輸具的集結、路線規劃及收容所的管理等一系列的事情都應在行動概要指導下，因應狀況的動態改變。

5. **協調層**：嚴重的災難需要投入較多的資源進入災區，但是這些資源可能需要藉由跨部會或跨縣市地區的協調，才能獲得即時的支援。協調的工作可能是領導階層的一通電話，也可能複雜到工作階層的相互支援程度，尤其是涉及各單位間的權責劃分、支援範圍及可能涉及彼此利益衝突等，使得協調工作變得更加複雜。在體制上，高層的領導統御常傾向於由上而下的指揮領導方式，權威將使協調的機制及功能，益形欠缺彈性。

6. **政策及策略指導層**：指導層所看的視野，不僅局限於事故現場的處理，更應考慮到後續重建階段整體的規劃策略構想，以及這一災難突發事件後續對社會各層級、社群、各級政府或私人企業未來營運的影響。

各層次間的串接，需要依靠許多群組及功能性的網路支持，並能相互傳遞需要的資訊。現代化的緊急應變，就是由不同層級的網路所組合而成，使得目標選定、分配到任務規劃等，在不同層次的網路中交換訊息。這網路中心作戰（Net Centric Operations，NCO）的理念，強調各層級間的加值運作，使得偵測到攻擊均能迅速、一致且精準地命中目標。在應急管理架構的各層級間，需要建立類似NCO的網路運作方式，讓資訊的流暢分享，最上層的策略指導是基於從偵測層而逐次過濾、加值的可靠資訊，同時政策擬訂也在各個層級產生適當的反應，使政策及行動有一致性，提升救難能量。

除了各層級所專屬的資訊系統外，另外需要利用通報系統及地理資訊系統兩者，以顯示或支持各層次間資訊的網路。以應急管理的框架來看，應急管理是涵蓋全部六個層次，其中偵測層及模式預測層有賴科技的研發，應急管理著重於輸出資料的運用及分析，主要的政策及策略，是以如何面對災害為主，不是以組織的經營及生存權為主。

地理資訊系統（GIS）、通報簡訊系統及派遣系統則屬於周邊之附屬系統，需要與整體框架配合運作。由於基本上，救難的架構都是以網路為基礎的運作，所以相關之通訊系統為必要之基礎設施。無論是有線、無線電話、衛星電話都是可以用來傳輸語音或資訊的介面。如果網路系統無法運作，則只有賴點對點的語音通訊聯繫，這並不會脫離整個框架的構想，可是資訊傳遞的效率將嚴重影響應急管理的品質。

⊙ 緊急應變管理範疇與運用

危機管理泛指組織或企業遭受到巨大且快速的變化，而影響到其重大利益，甚至威脅其生存或經營權力。危機具有高度的不確定性，會對整個社會或某一組織的基本價值和行為準則架構產生嚴重威脅。

緊急應變管理是處理突發意外事故，然當此一事故動搖到組織的基本核心價值，或影響其處理事情的作為準據時，即應轉換為特殊狀態之危機管理。換句話說，危機管理是應急管理的特殊狀態。應急管理所面對的是各類型的災害，無論是人為或自然的災害所引起的突發事故，由領導階層以行政或任務組織型態執行應變，這時不涉及領導階層的執行權力，然而當事態擴大，政治或其它社會利益進入角力，且動搖行政或經營權時，就涉及不具結構性的危機管理。

危機管理多用於一般企業公司及政府部門各領導階層，面對嚴重的威脅時，研擬組織生存全面政策及行動方針；而應急管理則以各類型的災害管理為主，包含現場指揮的運作管理，是以整個災害為主體，運用社會資源，減少人員傷亡及財產的損失。應急管理的發展有著下列的趨勢：

1.專業化：應急管理是以全方位的災害為目標，對應的科技及管理範疇相當廣泛，然而在應急管理方面則有專業化的趨勢。美國聯邦應急管理總署對應急管理人力資源的開發及培養相當重視。它主要分成一般訓練及專業認證兩類。一般管理的訓練相當重要，它是對特定應急管理團隊中擔任不同職務的課程及經驗傳授。

FEMA所屬的應急管理學院（Emergency Management Institute，EMI），每年均提供許多的訓練及職務認證課程。至於專業認證則委由國際應急管理協會（International Association of Emergency Managers，IAEM）負責，它是以建立災害管理專業為主，目前全球有約一萬四千多位應急管理專業者，單單美國就有約一千兩百位，這也是美國應急管理的雄厚資產。經過認證獲得專業認可的應急管理人員，散布在政府各層級部門，扮演著關鍵的角色。災害管理的專業認證在維持及提升應急管理的專業水準。國內對災害防救人員的訓練僅止於一般的講習，欠缺一般系列的訓練課程，且大部分參與的人員，都是因為派到這職務，未經合格之訓練。應急管理人員的專業化及職業化是災害管理運作的趨勢之一。

2.社會化：應急管理是朝向專業發展，但是整個災害或意外事故發生後，必定涉及許多的不同的團體。從許多國內外的經驗看來，災難發生後，除政府領導的團隊外，平面及各類媒體、非政府組織的志工團體、受災地區的民眾等，都會扮演著重要的角色。

政府應變管理稍微不慎或發言不當，將引發嚴重的危機事件，二〇〇五年美國的卡崔娜颶風、二〇〇九年台灣莫拉克颱風及二〇一一年大陸浙江溫州動車追撞事件，都讓行政部門面臨極大的壓力，終於付出相當的代價。所以應急管理所面對的是整個社會層面，避免發生公共危機，導致整個社會呈現不安的狀態。所以應急管理所要考慮的是管理整個社會的能量，尤其是面臨大型的災難，政府行政部門的能力有限，一定需要社會整體的能量。社群媒體的訊息傳播力量相當驚人，如果不能有效管理，將產生極大的負面影響。

3. **國際化：**任何地區的大型災難，都會直接或間接地影響到地球上的其它地區，以二〇一一年三月十一日發生的東日本大地震來說，不僅在商業上影響全球日系車輛的零組件供應，地震引起的大海嘯和福島核能電廠的外洩事件，也成為全球專注的焦點。全球任一國家，只要有能力，一定參與所有的救難工作。一方面救助受難的國家，另一方面亦可磨練應急管理及特種搜救的能力。如果哪天受到不可預期的災難時，亦可迅速地將國際援助的能量，予以整合納入國內的救援機制。

⊙應急管理的重要運用工具

應急管理最重要的工作就是發展應變計畫、建立事故指揮系統及應變中心的運作。應急管理生命週期的四個階段：減災、整備、應變及重建等各階段，其中並無嚴謹的劃分，在運作時間及步調上甚至可能彼此相互重疊。

1.發展應變計畫（EOP）：在減災及整備階段，應變計畫的發展及演習訓練是最重要的工作。當災難沒有發生前，根據所面臨的環境及歷史資料，研判可能面臨的威脅及災害可能發生的頻率及強度，研究如何應變，這是事前的工作。應變計畫的發展是要經過災害潛勢分析、計畫發展、計畫測試及計畫修正等過程。應變計畫是針對災害發生時，以如何保護生命及財產的安全為重點，計畫內容包含基本計畫、功能性附件及特殊災害附錄三部分。發展應變計畫的方式不僅適用於政府部門，也同樣可轉用於一般企業，可能使用的名詞有所不同，例如有關災害的潛勢分析（Hazard Analysis），在企業持續運作規劃中則使用衝擊分析（Impact Analysis），但兩者分析的理念一致，美國聯邦政府推動應急管理專業時，也將政府及企業之持續運作方式，列入重點項目。

2.建立網路中心作業方式：網路中心作業就是建立各層級應變中心、前進指揮所、勤務指揮中心、消防派遣中心及其它緊急醫療中心等各中心間的協調機制，各個中心能快速藉由資訊及通訊系統的交連，將訊息互通，能有同步的節奏性，資源分配及運用能適時且到位。

從管理面向來看，無論是天然或人為災害，無論災難的等級，幾乎都是相通的，期望能在第一時間建立災難的共通作業畫面及情勢掌控，以協調作業及擬訂救災策略。各中心的作業人員均在扮演著訊息加值的功能，也就是將所掌握的狀況予以分類、研析，回饋至整

事故指揮系統組織概略圖

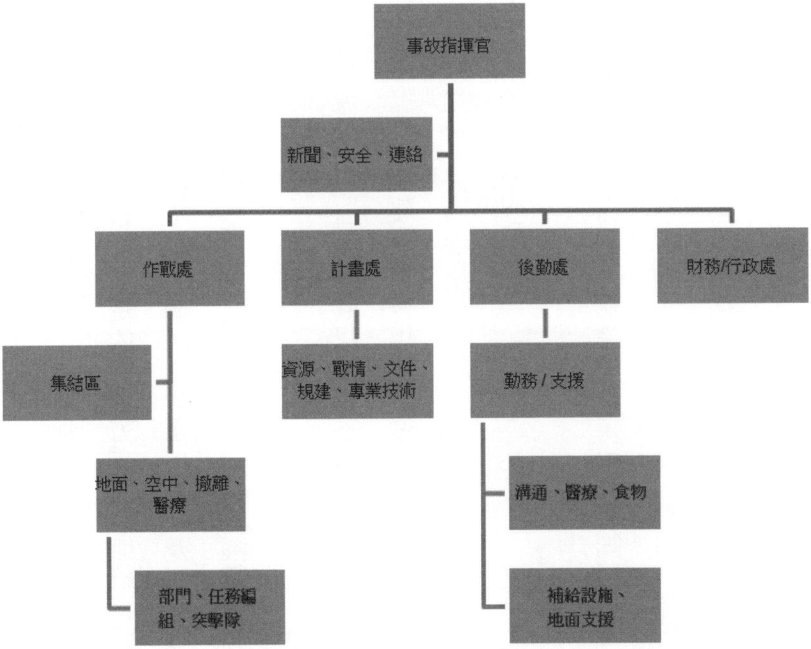

體作業系統中，如此各加值功能的發揮，也就強化整體的救災應急管理體系。

3.緊急事故指揮系統（ＩＣＳ）：傳統上，我們習慣以行政體系應變，但是當大型災難來臨，因為牽涉內部及外部單位運作協調上的專業，故採用事故指揮系統的管理方式，較能統合整體的運作能量。ＩＣＳ是一九七〇年代發展，美國經過數十年的測試及修正，且經多次災難驗證，目前已相當成熟，不僅成為美國所有事故的應變編組方式，也成為ISO-22320國際認證標準及日本國家標準。

ＩＣＳ各層級的指揮幅度以三至七個單位或人的協調管制為主。其以任務納編方式，具有組織上之彈性，且建立共通語言，聯合指揮作業方式，能建立結構化及系統化的緊急應變方式。藉由計畫流程的發展，建立作業節奏，以建立階段性的事故行動計畫。如此在事故目標及各單位的協調下，應變才能建立階段性，逐步恢復原來的常態。

這些工具都可以於美國應急管理學院所提供的網站獲得相關資源，無論是企業或政府團體，當遇到突發狀況，且事態重大，產生危機時，運用應急管理的系統化及結構化的處理步驟，是將危機管理帶入另一層次，可迅速動員組織力量。但是無論多好的工具，一定要不斷的訓練，否則仍然無法應付及面對隨時發生的危機及緊急事故。

個案啟示

重大事件往往在假日：阿瑪斯號貨輪漏油事件

「登山最危險的時刻就是攻頂成功後的那一小段時間。」一九九六年五月十日，登上聖母峰的雜誌作家克拉庫爾（Jon Krakauer）說，「那時大家都還沉浸在喜悅中，反而是整個隊伍警覺性最低的時候。當樂觀的心態及信心升高時，人體的腎上腺素開始減少，注意力開始減弱，常把一些情況視為理所當然。」

二〇〇一年一月十四日，正當大家準備歡慶農曆春節的前夕，一艘裝滿原油的希臘籍貨輪阿瑪斯號（Amorgos）在墾丁國家公園的龍坑生態保護區，發生漏油量高達一千五百公噸的意外。此一嚴重的海洋保護區汙染事件，隨即導致時任環保署長林俊義下台，此一官方行政系統近乎遲滯的反應行為，被認為是八掌溪事件的翻版。

該事故發生巧逢農曆過年前夕，公務人員處於年假前後，同時遇上強勁的東北季風時期，救援十分困難。油汙處理的權責又剛由海巡署轉移到環保署，環保署幾無緊急應變能力。且民進黨新手執政，缺乏行政經驗；過年期間缺乏重大新聞，媒體記者專業度不夠，過分的新聞競逐與扭曲的報導，諸多因素加總起來，將此事件塑造成台灣最嚴重的海岸汙染。此外，我國缺乏相關的法律可提出損害賠償，加上政府打國際官司經驗不足，致使此案結果可說是十分慘痛。

事件始末

二○○一年一月十四日，希臘籍三萬五千噸貨輪阿瑪斯號滿載礦砂，由印度駛往中國，行經台灣南部海域時失去動力。漂流十二個小時後，當晚八時左右在墾丁海域擱淺。交通部和國軍搜救中心獲報後立即展開救援行動，於晚上十一時將船上二十五名船員全數救出。隔日，花蓮港務局成立了「災害處理中心」，準備防止漏油的相關措施，並要求船東及保險公司盡快出面處理。

一月十九日，阿瑪斯號船身出現破裂情形並開始漏油；環保署立即依二○○○年十月通過的《海洋汙染防治法》，函請花蓮港務局限制所有阿瑪斯號船員出境，但一月二十日至二十九日為農曆春節假期。

由於受汙染的龍坑生態保護區交通不便，又是珊瑚礁地形，油汙遍布礁石及岩縫，加上時值東北季風期，海上風力強勁，導致海象惡劣，海上作業無法進行。到場協助處理的中油公司也因船隻無法接近阿瑪斯號貨輪，而表示無力協助。於是環保署又函請交通部動員軍方人力和設備協助，但軍方船隻仍受限於海象而無法出海，僅能以人力在岸上協助搶救。由船東所僱請的救難船，至二月三日總共抽取兩百一十七．六公噸海上燃油。

二月六日，環保署正式組成跨部會應變小組，協調內政部、交通部、國防部、海巡署、農委會、屏東縣政府、中油公司等單位，分別進行搶救工作的進度規劃和後續相關事宜。但為時已晚，各界矛頭指向主管海洋汙染之環保署。環保署指出，他們已經做了所有該做的，但因海況與天候惡劣，而無法進行救援工作。次日，時任環保署長林俊義視察現場，被當地民眾圍堵。行政院院會也遲至當天才討論此一事件，各界質疑何以擱淺二十多天，環保署還不能妥善處理。林署長在各界強烈質疑下請辭獲准。

海岸油汙撈除工作進行至二月十六日，已投入近萬人次，撈除油汙達四百六十二公噸。之後，二月十七日至三月二十四日油汙清除工作，總計動員超過兩萬一千人次，清除油汙五百一十三公噸。礁岩的除汙及清洗工作，在三月二十五日至五月十八日，以高壓水槍方式進行，投入近三萬五千人次，清除油汙達五百四十九公噸，清理的廢棄物超過三千五百公噸。

而由船東負責的船上殘油抽取工作，在三月和五、六月進行，總計清除一百四十八．

八公噸油汙，至六月十二日完成。清除工作未完成前，屏東縣政府每日對船公司開出新台幣一百五十萬元的罰單，共計九十八日。

油汙清除及殘油抽取工作完成後，交通部於七月二日，在事故現場組成貨船移除小組，清除船上礦砂，移至水深一千公尺處沉放，沉放工作於十月十六日完成。船體殘骸移除工作受限於颱風的連續侵襲而無法進行。

龍坑生態保護區內軟珊瑚密集生長在礁石表面，沿岸海域海藻生長茂盛，是各種魚、蝦、蟹、貝覓食生長的主要棲所。被油汙覆蓋的海底生物很快死去。原本棲息該地附近的海鳥，羽毛沾粘上油汙，使其所具有的飛行及保暖功能受到影響，所賴以維生的魚類等生物也都被油汙汙染。龍坑也是瀕臨絕種的椰子蟹最重要的棲息地。龍坑地區總計共有由白沙鼻至坑仔內約三．五公里的海岸遭到汙染，較為嚴重的約七百五十至九百公尺，某些地方的油汙厚達十公分，海岸及海域受汙染面積達到二十公頃。

在油汙清除告一段落後，環保署委託法律代表彙整各部門支出，總計超過新台幣九千三百萬元，經與船東的協調後，以六千一百三十三萬達成油汙清除部分的賠償協議。生態賠償部分遲遲無法達成協議，環保署於二〇〇三年一月向汙染發生地的屏東地方法院提出控告，並跨海向挪威法院提出控告，要求賠償新台幣三億五千萬元。

二〇〇五年一月，挪威法院判決台灣政府勝訴，船東須賠償新台幣九百五十三萬元的生態監測費，但也判決台灣政府必須分攤一千六百八十七萬的訴訟費用，並駁回所有有關珊瑚復育、漁業復育、觀光及稅收損失的求償。環保署對此大表不滿，遂於二月針對珊瑚復育及觀光損失部分提出上訴。同年年底，環保署有感於握有的證據過於薄弱，恐難獲得勝訴，並考量跨國訴訟曠日費時、所費不貲，因此決定放棄上訴，改採庭外和解。二〇〇六年八月，環保署與船東就海域生態、公部門損害求償達成和解，和解金約為新台幣三千四百萬元，半數將用於生態復育，其餘則支付律師費用。漁業賠償部分則於二〇〇四年六月達成協議，阿瑪斯號船東同意賠償新台幣一億兩千萬元，並於七月交付。其餘包括行政罰九百萬、林業損失一百八十萬、船貨移除費用八千萬，亦獲得船東同意賠償，總計兩億八千萬元。

阿瑪斯事件重大缺失

首先，未第一時間發現問題的嚴重性與急迫性，進而及時由適當的政府部門來負責統籌危機處理的工作。

到底是由誰負責清除油汙的工作？又由誰來擔任應變小組指揮官的職務？中山大學海洋

地質及化學研究所教授楊磊分析，根據我國《海洋汙染防治法》規定，汙染是依程度而有不同的政府層級負責，第三十二條規定，船難發生時，船長或船公司需負責防止、減輕及處理汙染，但如船公司方面無法立即處理油汙，地方主管機關（即屏東縣環保局）得先行處理，所需費用由船公司支付。

這次事件顯然是在開始時，船公司允諾負責清除所有油汙，但在時程上太慢，緩不濟急，拖了十天才有清除油汙的動作。此時就應該根據《海洋汙染防治法》中第十條之規定，遇有重大海洋汙染事件發生時，行政院應立即成立「海洋汙染防治專案小組」，而一般性汙染事件，則由環保署負責立即成立「海洋汙染防治工作小組」。

此番事件，不論規模大小，至少應有中央以上的層級（環保署）來處理，跨部會的工作或專案小組，再將船公司一併納入指揮系統中，統一調度。一旦這個小組即時成立後，就可迅速於漏油第一時間，展開清除油汙的工作。

其次，未能及時授權與統籌動員。

在油汙染的前期關鍵時刻，環保署長、內政部營建署長、屏東縣長等相關首長相繼出國，交通部因為收文人員已下班，來不及轉呈，墾丁國家公園也僅止於由值班人員就近監測。雖然汙染情形均已通報各相關權責單位，但因為各單位正準備休年假，無法即時反應，致使汙染範圍持續擴大，喪失處理先機，徒讓單純的汙染事件，演變為複雜的政治風暴。

第三，未能及時防治民怨與妥適應對媒體。

年假結束之後，龍坑的汙染事件經媒體大量披露，各界為之譁然，終於掀起油汙風暴。在野黨也就抓住這個機會大加撻伐，並引申為海洋汙染的八掌溪事件，轉而要求行政官員下台。油汙染的通報程序、處理方式、責任歸屬、行政缺失等問題，一一被政治口水給掩蓋，加上媒體的炒作，已模糊掉油汙事件的真相。

第四，未能及時控制受害範圍與程度，處理方法有誤。

在阿瑪斯號漏油事件發生後，輿論紛紛批評政府未能及時處理，導致油汙進一步擴大，環保署提出的「人工除汙」計畫亦備受抨擊。

油汙未被風化前是回收洩油的最佳時機。第一時間應立即先用適合於外海作業的攔油索，將油汙攔阻隔絕於海面上，再以撇油器及油水分離器，將漏出的油料予以回收再利用。然而，龍坑附近海域在事件發生時的海象極為惡劣，不宜採用攔油索，而宜改採用化學分散劑

（chemical dispersant），以加速海面上油汙的乳化及擴散作用，以使大部分的油汙分散於大海中，相對減少汙染海岸的油量，也使對海岸生態環境危害程度降低。

第五，未能系統、動態地處理，過程不夠周全。

墾丁近海船輪漏油，引發當時執政當局的另一波政治危機。由於油汙的控制時機有所延宕，導致一些學者、保育團體、當地居民不滿，環保署長林俊義南下處理時，甚至遭當地群眾拉扯而摔倒在地。環境的問題涉及龐雜的專業知識，而且牽連廣泛，它需要更完善的知識系統搭配，以及更機動的行政運作模式。

阿瑪斯的教訓與啟示

一、**重視事先系統化預防機制與演練**。二〇〇〇年十月公布施行的《海洋汙染防治法》第十條規定：「行政院得設重大海洋汙染事件處理專案小組，為處理重大海洋油汙染緊急事件，中央主管機關應擬訂海洋汙染緊急應變計畫。」

二、**運用系統化預防機制**。1.界定與預測可能危機，列出五至十種可能使組織陷入危機的種類或事件；2.將導致危機的狀況，進行憂患檢核與弱點分析，並分析可能的後果、預防危險的成本；3.風險評估，並進行PDC步驟，用科學方法評估危機發生的機率，進而研究如何預防（Prevention）、偵測（Detection）與矯正（Correction）；4.對於危機的預防與處理，分門別類寫成操作手冊，且進行沙盤與實地演練。

三、**建立平時的危機意識**。防止主觀與自滿造成危機預防與處理的障礙。「克服危機的鑰匙，存在於歷史之中。」日本京都大學經濟學教授岡崎哲二在《經濟史上的教訓》寫道，「難題堆積如山的日本經濟，從成功和失敗的歷史中學習到什麼？而經濟問題的本質無論過去和現在都沒有改變！」同樣地，危機問題的本質無論過去和現在，也都沒有太大的改變！

動腦時間

危機症候群

危機經常發生的症候群有二：一是心理症候群，經常出現在：一、極樂成功的當下：大家沉浸在成功的喜悅中，整個隊伍的警覺性最低；而且當樂觀的心態及信心升高時，人體的腎上腺素開始降低，注意力開始減弱，誤容易將一切情況視為理所當然。二、遭遇困境的時候：大家心生悲觀，坐困愁城，心理上劃地自限，危機就很易侵入。

另一危機症候群是出現在時間。危機最容易發生的時間症候群分別發生在一、放假時日：重大危機事件往往發生在假日。二、重要變動：組織人事、營運策略發生重大調整時。三、景氣循環：經濟景氣、政治氣候發生關鍵轉折時。

他山之石

艾克森美孚漏油案的教訓

一九八九年，世界最大的石油公司艾克森美孚瓦爾迪茲油輪發生漏油事件，由於董事長羅爾處理不當，遭致國際環保及輿論各界強烈的抨擊，甚而引發全球「反艾克森」風潮。國際危機處理專家華勒斯（Tim Wallace）分析此一危機事件，認為艾克森美孚在處理過程中發生了十項錯誤，應用以下的方法改善：

1. 明確公司的立場：危機處理時不能猶疑不決。艾克森美孚在此事件中舉棋不定，就已經失去避險致勝的先機，也喪失了贏得好感的信心。
2. 高層親上火線：高層主管在危機中不只要參與，而且要外界知道你親上火線。總裁羅爾其實相當關注此次危機處理的每一方案，但他遙遙地遠離出事現場，讓人無法信賴。

3. 善用第三者協助：華爾街分析師、獨立工程師、技術專家、法律顧問與許多第三者組織都能給予支援或協助。

4. 建立第一線指揮所：一九八四年，聯合碳化物公司在印度博帕爾發生的化學氣體外洩事件，造成二千多人死亡，該公司董事長直接飛抵現場，最起碼贏得外界的肯定。

5. 誠信與中肯溝通：指定專人負責事件的發言及溝通，並明確陳述公司的立場和態度。

6. 與媒體合作：媒體在採訪危機事件時一定到處亂竄、四處打聽。與媒體為敵只會增加彼此的緊張和對立。

7. 不要忽略員工：讓你的員工知悉事件的發展，也讓他們相信組織的營運也還在正常運作。員工是你的最佳夥伴，不要讓他們一頭霧水。

8. 讓危機在掌握之中：管理者經常在危機發生之初漠視危機，但在事中又反應過度。艾克森美孚正患了此一大忌，使它損失慘重。

9. 針對危機當下，拿出行動：如果有錯，趕快道歉，然後馬上轉移心力去處理危機，而不是清算到底錯在哪裡。

10. 持續檢測危機：調查、調查、再調查，找出產生危機的關鍵，而且據以建立系統性的預防機制。

動腦時間

柯P的SOP會再度失靈嗎？

蘇勒迪颱風捲起的南勢溪濁流，讓台北市長柯文哲自豪的「標準作業程序」（SOP）被人消遣了許久。天鵝颱風如果又掃過翡翠水庫，他的SOP還會繼續失靈嗎？相對緊急應變處理，此一問題值得從專業角度來探討。

為什麼一個SOP卻讓柯P和其它市府相關主管頭痛？

主要病因有二：一是柯P的SOP和自來水事業單位的SOP顯然不同，柯P的決策風格又偏向專斷獨行；一是自來水事業單位是有SOP，但主管面對上層壓力或政治考量，不敢無畏地堅持專業倫理。上述兩個病因的任何一個環節出錯，再好的SOP都會破功。

蘇勒迪颱風捲起的南勢溪濁流是一個長期的病因，牽涉多個中央地方機構的權責功能，非SOP問題。自來水單位對於超標的混濁溪水該禁止入池而不禁，卻絕對只是單純的

SOP缺失，不要把兩者搞混了，讓失職的決策在口水對戰中模糊了焦點，也坐失了改正錯誤的時機。

台灣都會自來用水是施政大事，每一主事單位面對引水也都有一套行之有年的SOP。它規定的三大作業階段是：正常的水廠可處理的原水混濁度上限是3000NTU；超出5000NTU，進入警戒狀況；8000NTU度，除非有特殊考量，尚可勉強進水；超出12000NTU則應立即關閉進水，而且對外公告停水時間和地點，提醒民眾儲水備用。

台北市政府自來水事業處面對上次南勢溪高達38000NTU，相關主管絕對應該發揮專業倫理及依據分層授權規定，當機立斷或呈報首長採取停止進水措施。市政府上下主管為何在蘇迪颱風中沒有按照引水SOP操作？是SOP有問題，還是人的決策有誤？值得大家深思。

蘇勒迪颱風期間超高的濁水引進水廠後，造成水池嚴重汙泥，事後清理是筆大費用，天鵝颱風如果又來SOP決策錯誤一次，損害嚴重性無異雪上加霜，何況此一決策錯誤涉及公務員瀆職，會不會引發另一波新議題，更不能輕忽。台北市政府應如何預防及因應？

SOP成功運作的關鍵在於專業倫理的發揮，特別是決策的上下主事者都要能夠立即而且確實尊重也按照SOP行事。而專業倫理不彰有二，一是上位者一言堂，而且動不動就要官威，輕率罵人又換人；一是下位者政治權位考量，聽命辦事，不敢堅持專業判斷。

第8章 危機溝通與訊息傳播

「對於文明的發展來說，人類的任何能力都無法比蒐集、分享和應用知識的能力來得更基本。文明的發展只有透過人類的傳播過程才有可能。」

——傳播學者威廉斯（Frederick Williams）

二十世紀最令人難忘的美國總統都是優秀的溝通者，老羅斯福設置講壇帶領國家前進，威爾遜的演說成功傳達理想主義及民主觀點，小羅斯福的爐邊談話點燃美國民眾希望，甘迺迪把電視變成了一支仙女棒；其中最為人稱道的雷根，靠電視媒體贏得選戰，還透過新聞報導治理國家。他知道怎樣擄獲群眾，並引導群眾的力量為共同的觀點來打拚。他與媒體溝通的成功要訣是：

- 讓人側耳傾聽（觀眾總是希望政治人物自己放輕鬆，好讓他們也輕鬆）。
- 傳達了不起的事（並非以風格或言詞取勝，而是內容有核心價值觀）。
- 精挑細選的故事（以敘事方式講述問題）。

- 使訊息具體化。
- 焦點放在別人身上。
- 利用共同的經驗。
- 添加幽默感。

新聞媒體受到各方的評議，東西皆然。當代語言學大師杭士基（Noam Chomsky）就對它多所批評，直言媒體操控是當代政治的一大問題，而資訊誤導（disinformation）更是所在多有，事實的真相被埋在無數謊言堆疊而成的龐大建築的底部。他提到，新聞媒體是一條護衛國家與公眾利益的看門狗，還是依附權勢及財力的御用工具？新聞媒體是追求真相及事實的善惡正義之筆，還是宛如寓言表述與選擇性認知的宣傳者？

霍恩柏格（John Hohenberg）解釋道，懷疑主義是新聞價值的純度印記。如果它不向表面的事實之下做深入的探求，不對社會的缺點發出警告，就不可能維持太久。

不容否認的事實是，新聞媒體是社會的公器，也是面對大眾的第一溝通管道。

事實勝於雄辯，這句話人人都能朗朗上口。不過正如政治大學新聞系教授馮建三所說：「難題在於，事實是什麼？」天底下的事本來就是「事未易察，理未易明」，特別是當危機發生時，新聞媒體都怕漏消息，大家搶成一團，又為了搶獨家，常穿插其個人獨到見解，加上組織內部此時也是兵慌馬亂，媒體不好好溝通，危機一定越演越烈。

⊙媒體溝通七要事

一旦危機發生，美國公共關係協會建議企業或組織在第一時間的要務之一，便是趕快想辦法做好溝通，特別是精確地評估新聞媒體會提出什麼詢問。下列七項問題可以供作參考：

1. **你想在此次訪問中得到什麼？**假如你在訪問中實在沒有得到什麼，那就放棄此次機會，以後再說。
2. **有什麼風險？**此一答案關乎你與媒體感覺舒適與否的程度、誰將進行採訪、有多久準備時間、法律相關責任與你若不接受訪問組織將會有何損失。
3. **訊息能經此次訪問而被有效傳播嗎？**此一媒體能否讓你的訊息有效且清楚地傳遞給社會大眾？
4. **能否有效接觸到你的目標群眾？**有些特定的電視和報紙經常無法接觸到你想要的目標族群。
5. **是否做好危機反應管理？**有關高階管理階層應否出現在一些場合將遭遇的變數，已經確實做好評估，並且向他們妥善解釋建議方案與行動策略。

6. 是否你的法律責任高過公共利益？這種情況非常罕見，雖然公司的律師經常採取不同的見解。

7. 有無更好的方法？這是非常關鍵的問題，假如能夠避免一個沒法溝通的媒體的採訪，趕快執行，即使新聞傳播是危機時與大眾溝通的最好方式。

⊙ 新聞記者的需求是什麼？

全球新聞界的典範人物普立茲說：「假使國家是一艘船，新聞記者就是站在船橋上的瞭望者。他要注意往來的船隻，在水平線上出現的任何值得注意的小事。他要報告漂流的遇難者，以將其救起，要透視霧幕和風暴，以對危險提出警告。他不考量自己和老闆的利益。他在那裡照顧那些信任他的人們的安全與福利。」

在媒體爆炸的今天，傳播的生態已經丕變，堅守普立茲立場的新聞媒體與記者固然所在多有，但是資淺者佔了相當的比率，有些媒體老闆有自己鮮明立場，也難免影響到報導走向，不過，基本而言新聞媒體的本質並沒有太大的改變，危機處理時對媒體實在沒必要有太多的成見或偏見。

新聞媒體在危機發生時，他們的需求會是：

- 第一是新聞，第二是新聞，第三還是新聞。
- 對任何一則新聞而言，時間都是最重要的關鍵。新聞媒體每天每時都在與時間競賽，往往勝負就在每分每秒之間。
- 就每個人的績效表現，獨家是核心要素。每位記者都想獨家採訪。
- 對每家報紙，沒有一天可以開天窗，尤其是涉及大眾利益的危機事件發生時。

我們以「新極奇變」來形容新聞的本質，以「肚皮獨大漏」來解釋記者的需求。新聞之所以為新聞，就是因為發生的事是最近的、新奇的、極大或極小的、變化多樣的。「狗咬人，不是新聞，人咬狗才是新聞」，雖然有點言過其實，卻很真實地形容了新聞的特性與本質。記者需求的「肚皮獨大漏」則是指新聞記者每天寫新聞是職業本分，用它來填飽肚皮，因此他不可能對某一事件不發新聞；獨大，是新聞要獨家與大消息；漏是記者都怕漏消息，特別像有危機的大新聞。

⊙ 擬定危機媒體溝通計畫

危機發生了，躲媒體絕對是最差的做法。可以少講，但不可以老把門關起來。最要不得的是一些政務官已經活在民主時代了，腦子裡卻仍然殘留著「御用媒體」的帝王思想，不用心思考危機產生的本質與應該如何妥善處理，好不容易回神過來，一開門面對媒體卻一張臭臉。

善用你的專業團隊，擬妥危機溝通或整合媒體報導計畫。電視、廣播、報紙與雜誌各有特性，取材的角度也不盡相同，但要把你的心放在關心你的顧客、社區與社會，從他們的觀點出發，從他們的立場與權利考量，其它的所謂媒體受訪策略都是次要的技術問題。

「每份報紙送到讀者手中時，都是一整套系列選擇的結果。」《公共論壇》（*Public Opinion*）的作者利浦曼（Walter Lippman）提醒大家在選擇媒體與接受採訪之前，應該先仔細考量四個要素：

- 應該發表什麼樣的消息？
- 將刊載在哪些位置？
- 每條新聞將占據多少版面？
- 每條新聞將強調些什麼？

一、接見記者前的四樣功課

新聞記者都自詡為「大眾利益與公共信任」的守護者，因此一面對危機，他們腦子裡想的都是誰犯了錯？誰應該被譴責？到底有沒有立即採取必要的措施以降低損害？因此，以下的四樣功課，一定得事先想清楚並準備好。

1. **對每個群眾可能產生的影響——明確危機的種類和性質**。以中國三鹿毒奶粉事件為例，媒體詢問的焦點幾乎全部集中在「那是什麼樣的毒？怎麼產生的？受害層面有多大？對人體會產生什麼影響？會致死嗎？這樣的情況存在多久了？為什麼沒有被發現？有辦法回收嗎？」記者所有的問題都指向一個需求——那是什麼樣的毒？開記者會的人得先弄清楚這個答案。

2. **到底採取了哪些降低危險的措施？趕快給個明確的答案吧！**金車公司在毒奶粉事件上，當機立斷讓產品下架、換新產品包裝，而且由老董事長親自披掛上陣，致歉並說明已經採取與即將採取的補救措施。後續會提到的嬌生泰諾止痛藥事件，明快的處理也給了大家一個好的忠告——假如你提供的是值得信賴的資訊與值得尊重的做法，社會大眾一定會與你更靠近。

3. **確認危機發生的原因**。假如大眾相信你已知道哪裡出錯，他們也會比較傾向接受你會盡快拿出補救措施。許多空難事件佐證了一個事實：顧客會很快又回到那些航空公司，如果這家公司能夠清楚知道事故發生的原因。

4. **展現高度負責的管理行動**。高明的危機處理公司是那些很快就能掌控大局的，讓社會大眾知道你與組織已經有完整的處理計畫，而且一切都在掌控中，他們才會安心。

實用工具

處理緊急危機事件的「五心」法則

一旦危機發生，特別是攸關社會大眾生命財產安全的事件，例如食品中毒、交通災難、工廠爆炸、環境汙染等，政府機關、民意代表、傳播媒體與社會團體一定快速蜂擁而至，並急切地想知道事故如何發生？損害多大？尤其要注意的是，此時人心難免慌亂，大家也急切地想明白你到底將如何面對問題？做什麼補救措施？

根據我們處理許多這種類型危機的經驗，「安定人心」是第一要務，趕緊搞清楚到底是什麼樣的危機？而且明確第一階段你可以判定的危機原因？已經與準備如何做？接著就趕緊分頭做溝通的工作，包括：媒體、官員、民代與社會團體。

為了安定人心及贏得大眾認同，企業或組織第一次出面說明時，應該至少強烈而且堅定地表現幾個要素：

1. **關心大眾：**要向社會大眾與傳播媒體明確傳遞，你已經充分了解哪一個地方出錯，而且深表歉意。
2. **真心承諾：**真心表達承諾，願意以負責任的態度，面對及解決一切問題，並向大眾公開說明。

3. **用心處理：**明確說明情況已經控制，而且危機處理機制已經啟動，並已向相關單位報備，並取得其協助。

4. **有決心與信心做好：**各項人事物都已到位，整體處理及應變計畫也已實施在案，有決心與信心將危機處理好。

危機處理時，大家應切記，時間非常有限，你不在第一時間讓外界立即清楚你處理問題的大原則，他們就會開始下指導棋，讓你疲於奔命。

二、準備有公信力及說服力的資料

記住！危機一發生，你等於是站在全體公眾之前，大家都期待你給個說法，等待你拿出行動。而除了站在第一線的新聞媒體之外，政府行政部門，甚至立法部門也在觀察你的態度與立場；因此，你提供的資料務必要力求專業、負責，而且可信。

1. **拿出可信的資料與可做的行動：**提供媒體與社會大眾具有數據說明的事實，拿出負責任的證據及補救行動，讓數目、事實與誠信說話。

2. **有專業的支持與背書**：外界的專業意見是贏得媒體信任的公允做法，特別是公正的第三者與非營利的社會團體，也能增加大眾的信賴與安心感。

三、面對危機的五項溝通原則

1. **一定要有適當層級出面，避免媒體四處採訪與求證**。不要重蹈艾克森美孚漏油事件的覆轍，沒有高階主管出面，也沒有明確、直接的事故處理立場與方案。
2. **第一時間出面回應，並營造和睦的環境及誠懇氣氛**。艾克森美孚董事長羅爾與高階主管既不去事故現場，也對媒體的詢問不以為然；他說：「我有許多比飛到事故現場重要的事要做。」
3. **真誠關懷並提供事實，傳達能確切證明的訊息**。不要像羅爾接受CBS採訪時那樣說：「我沒法給你任何清除油汙計畫的細節，它非常複雜而且厚厚一本，我至今還沒時間去看。事實上，一個公司的CEO也不會有時間去看每一個計畫。」
4. **給予信心、展現實力，並證明企業已經認清問題並採取適當措施**。羅爾面對那麼嚴重的海洋汙染事件還沒時間去看計畫，其企業可信度自然值得懷疑了。
5. **克服否認及傲慢心態，對公眾及媒體展現負責任態度**。羅爾還抱怨媒體小題大做。他說漏油只是死了幾隻鳥，不像聯合碳化公司在印度博帕爾的毒氣外洩事件死亡二千多人。

四、危機溝通的媒介與準則

「玩撞球長大的孩子，似乎比我們這批打曲棍球長大的人更能認清真實人生。」曾為美國尼克森、福特、雷根和柯林頓四位總統文膽的葛根形容那些來自生活較艱苦、沒有特區優勢的白宮幕僚，當年在面對「水門事件」風暴時，認為尼克森遲早會被踢出白宮，看清事實。身處高位久了，就像打高爾夫球的人很難了解踢足球的人心裡真正在想什麼。

危機發生時與媒體溝通正如以下的「危機階段媒體溝通流程圖」，最重要的是有組織（資訊中心）統一

危機階段媒體溝通流程圖

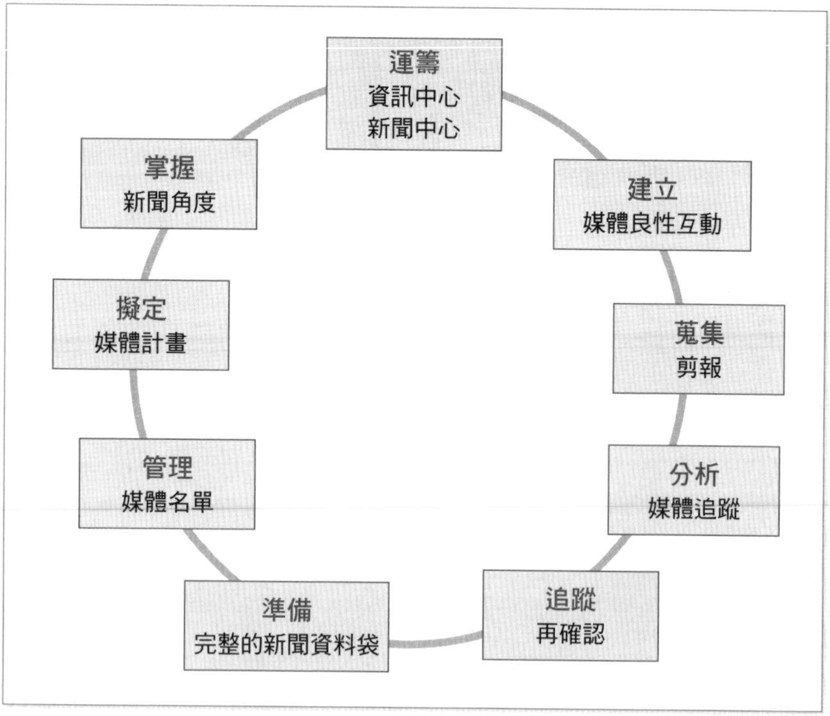

窗口，也負責做好其它與媒體良性互動等的全程工作。組織領導人與高階主管只要能確認事態進展的本質，懷抱負責、謙讓及關愛的心，應能轉危為安。

對於溝通而言，當危機發生時最要牢記的，就是哈佛大學談判研究所費雪教授（Roger Fisher）與尤瑞（William Ury）在《實質利益談判法》中強調的：「溝通並不是談判，談判也並非辯論，更不是審判。處理情緒問題遠比說話重要，情緒阻礙談判的進行，將使談判陷入僵局，甚至破裂。」

實用工具

行動網路——現代危機溝通必備工具

下一輪的話全球趨勢是什麼？哪一些將決定你未來十五年的世界？美國前商務部次長夏皮羅（Robert Shapiro）在《未來預言》中指出：「訊息科技是世界經濟加速躍向全球化的最大動力。」我們仔細看看今日影音媒體在網路上鋪天蓋地的發展和無遠弗屆的運用，不難確定的是：誰再不能掌握在影音通路等新媒體的溝通，就注定會在危機處理中遇上大麻煩。

網路時代的文藝復興：WEB 2.0的數位溝通地圖

Dot.com在二〇〇一年泡沫化時，微軟創辦人比爾．蓋茲曾說：「我們高估了兩年前的電子商務，卻低估了十年後的電子商務。」今天Google、Amazon、eBay以及中國、歐美、日韓等世界各國網路的快速發展，對全球經濟和人類文化的轉變帶來新的詮釋，而這樣以數位通訊科技為載體的新網路經濟地圖也正在重寫。

同樣地，危機溝通也必須充分了解此一新媒體的變動，並且加以善用，不然對危機處理而言，等於丟掉半壁江山。

真正而且確實地了解行動通訊和社群網路的特性，是現代企業經理人必須有的第一個職業洞見。如下圖所勾勒的，它是一個跨越科技、經濟、心理和社會四大領域的知識，我們既要懂得生態和注意力經濟學的結構，也要深知網路生物學的特性，以及網路創新科技在危機溝通領域上的殺手級應用。

行動資訊和社群網路是一個吸引眼球的注意力經濟學。現代企業經理人也不能不對今日腦神經科學和認知心理學在人類消費行為的研究有所認知。人因工程和行為經濟是其中的大成，歐美日韓近年在創意和數位經濟領域上表現傑出，正是拜這些現代神經及心理科學運用於行銷之賜。

「七秒的視覺感知」講的是眼球的致命吸引力和人的大腦直覺捷思反應的過程。根據腦神經科學的研究，人們閱讀網站訊息的行為反應就好像看電視廣告一樣，如果七秒鐘內不能讓大腦產生好奇或驚奇，按轉台器的動作就會瞬間啟動。這是你在網頁的視覺和內容設計上一定要優先考量的要素。

另外，在行動網路的社群溝通上，我們更要了解人類的感知場域，是一個容納感覺、視覺、聽覺、觸覺、味覺和記憶的多元空間。上述的好奇和驚奇是激發人們感知神經的首要元素，而產生欣賞和喜歡的正向心理反應的溝通，對觀眾而言其實是一個從注意（attention）、興趣（interest）、欲望（desire）到行動（action）的感覺過程。而感覺的交換是從觀眾一開始接收到演出資訊（看到傳單、網站介紹、電子報、部落格、Facebook、

社群網路溝通地圖

生態經濟學
一群經網路連結的人和企業互動的模式
殺手級應用
創新運用一但被人們接受，便會被大量採用
創新擴散理論
網路行銷既是企業也是網友互動空間
網路生物學
網路是有生命的，不應只重網站功能設計，更應費心於自然成長的社群聚落應用
注意力經濟學
認知改變的過程從造訪、瀏覽、轉換到購買

電視、電台等媒體的宣傳）那一刻的瞬間就已經開始。因此，我們在網站內容的編撰、設計和陳述上，也必須明白廣告心理學的AIDA理論，並加以適切地運用。

社群網路和溝通說服

人類溝通是一個說服的過程，社群網路要達到溝通的目的，尤應如此。社群網路不僅是溝通雙方的一個雙向的商議談判行為，而且極可能在相當的時空環境中，是一個許多社會大眾參與評價和評論的溝通平台。因此，危機管理對於社群和行動資訊也得建立下列正確的溝通思維：

1. 行動通訊和社群網路導向的危機溝通，是利用現代網路資訊科技，包括：影像媒體、電腦媒體和社會媒體，來和一群人和一堆虛擬的社會大眾、意見領袖進行溝通

網際網路的社會結構

和說服，以改變這些潛在客戶的信念、態度、動機和行為。

2. 對於影像媒體、電腦媒體和社會媒體這些說服科技（persuasive technologies），我們要從中體認到它在危機溝通和社群網路運用上，首先要能掌握影像、文字和串聯的技術，也就是要能充分運用現代的聲光數位科技，以在瞬間吸引目光，進而善用訊息內容（logos，邏輯）、訊息來源 （ethos，品牌信譽）和觀眾的情緒狀態（pathos，情感），來激發民意正向的動機和反應。

動腦時間

如何幫孩子分蘋果？突破危機溝通中的贏家詛咒

溝通是今日生活的常態。哈佛大學商學院用「你可以溝通任何事」來形容它的無所不在。不管你喜歡或不喜歡「溝通」或「談判」這個詞語，對於生活和工作而言，你就是時時是一個溝通者，在危機發生時尤其要心平氣和、仔細聆聽，而且滿懷同理心和同情心，以及建立和溝通對象的「黃金橋樑」。

想像在某個十月的週日，難得的晴朗午後，你和另一半對著窗外的美景，正在輕鬆地喝茶聊天，回想起大學戀愛的青春時光，快樂隨著醉人的音樂，灑滿整個客廳。突然，你的兩個寶貝兒女為了一顆蘋果的分配，吵得僵持不下，兩人跑到客廳來要你主持公道。你該如何處理？

釐清談判的動態結構，從衝突事物中找到交集

任何衝突的事都有個交集，有智慧的人就能在這些看似衝突、複雜和多變的事物中，找到它存在的交集。為什麼找得到？正如美國企管顧問杜利克（David L. Doltlich）所說：「信任和開放的態度就是成功的關鍵所在。」

這個案例中，兒女所爭的表面是分得結果的大小，其實它的真正價值在於決定次序的優先權。在經濟和日常生活的溝通或談判中，我們不妨也靜心地去想，在太多自己以為兩相對峙、無可退讓的爭執中，其實存在著許多的競合空間。

危機是一個動態立體的結構，如下圖所示，它有時間軸也有空間軸，對危機溝通而言，更重要的是，我們要時時懂得將溝通或談判的主題和價值，放回危機的系統結構中去分析、評價和衡量，才不致見樹不見林或見林不見樹，樹就是指太專業，太短視；林則是指太理想，太遠視，不現實。只看到樹或只看到林，就會落入贏家詛咒的惡性循環和無盡的事後懊惱中。

危機溝通的動態立體結構分為兩個層次，第一層涉及時間、空間和系統三個軸線。而這三條軸線又相互交叉成為一個四角的核心，構成了人在溝通或談判中最須仔細思考的四個要項。首先，在微觀的見樹和宏觀的見林中間，取得一個能夠洞悉衝突真意的靜觀心境。其次，在事件演變的時間和空間互動中，掌有先見之明，在決策上見好就收，而且在危機系統和經濟結構的利害／義利以及競爭／競合的衝突和轉機的多重價值體系中，謀定而後動。

危機溝通的動態立體結構的第二層次，則涉及人和人的內部商務價值，以及人和社會的外部倫理價值。價值除了涉及對價格的

危機溝通的動態立體結構

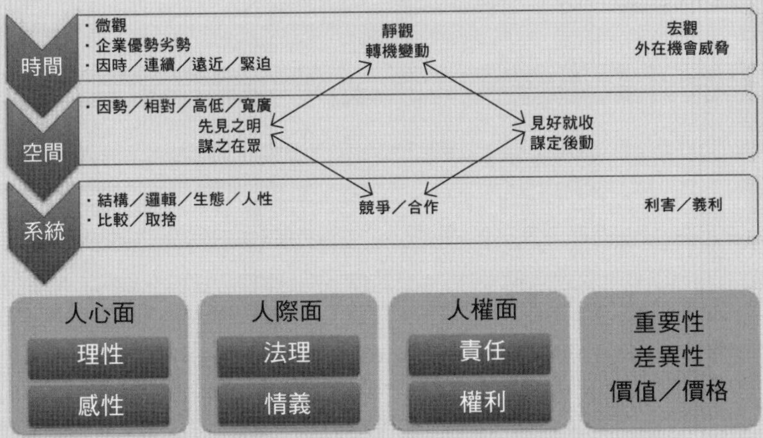

取捨，更關係到對永續發展等企業和社會價值的衡量。企業和人都無法活在真空之中，也無法永遠遺世而獨立，對於價值／價格的差異性和重要性，當然必須納入談判的考量。

溝通的主體工作：「設局造勢」

溝通的動態立體結構釐清了，接下來的工作就是如何在這種動態立體的結構中先「設局」後「造勢」。局是環境、生態；設局，就是設立一個適合談判的時空環境。勢是定位、區隔；造勢，就是要不要謀略和如何規劃策略。造勢之前，先要對外在環境的機會威脅有所評估，對自己內在資源的優勢和劣勢要有充分了解，據以將它擺在適當的時空位置，進而產生最佳的價值和效益。

因為環境是動態的，所以溝通或談判者一定要知道隨機而動。假如……如何，如果……怎麼辦，不可……除非，等諸多前提性的假設，是談判前必要的推演。

把溝通價值放在危機系統中談

商務談判必然涉及行情，行情必然關係不對等的資訊，危機溝通也必然會涉及此一層面的判斷。根據「市場充分開放理論」，獲利高低的關鍵在於未知訊息的取得先後。內線交易講的就是這個道理，未公開的訊息越早取得，獲利程度就越高。

因此，你現在把溝通的主題——你有沒有對方想要的東西（如產品或服務），拿到談判的系統中來談，第一個要知道的就是資訊是否透明和立場是否對等？資訊不透明等於在黑箱中談判，立場不對等等於在困局中談判，都是談判的大忌。

另一個要知道的危機溝通重點是——價值的交換。經濟學者密爾（John S. Mill）對價值的定義是「被感受到的重要性」，管理學界的定義是「被感受到的差異」。兩相加成，溝通和談判的功力就是要讓對方時刻感受到他取得東西的重要性和差異性。而價值的高低是經由比較而來的，哈佛商學院提出的解決對策是「最佳替代方案」（Best Alternative to a Negotiated Agreement，BATNA）。你可以善用它在買賣雙方間的強化、弱化方法，來提高人家對你在談判中提供的產品服務價值的感受。

當然，價值也和行情密不可分。而行情有漲有跌，資訊透明外，大勢的走向分析必不可少。至於規格／數量／付款等交易條件，也必然要納入溝通談判的考量細節，不能掛一漏萬。

綜合結語

價值的無形價值最難估量，我們一開頭講的「黃金橋樑」就是溝通和談判的無形價值——尊嚴和面子。談判可以雙贏，但一定有價值很難估量的問題。怎麼辦？搭上充分替對方保留面子的黃金橋樑吧！

想到替你寶貝兒女解決衝突的方法了嗎？答案是，要他們用猜拳解決兩個不同階段的優先權，猜拳贏的可以拿刀切蘋果，決定它被切的大小；猜輸的人可以決定選擇次序的先後，這樣爭議就解決大半了！

第9章 危機發言的守則與對策

艾克森美孚石油公司前董事長羅爾說：「我對技術方面不太懂。如果我去了現場，只會轉移大家的注意力。在控制漏油方面，我幫不上忙，而且也沒有辦法把油輪弄出岩石暗礁。」他一九八九年在瓦爾迪茲港漏油事件的這段發言，使他的公司陷入亂箭砲火之中，也使他自己至今仍成為危機處理的笑柄。

有危機就需要發言，危機發生時還想著沉默不語或沉默是金，絕對是不可能的事。發言固然不是什麼難事，但也絕對不容易，否則全世界的政府或大型組織就不用特別設立發言人這個位置了。

美國前總統柯林頓擁有少見的聽話技巧，和柯林頓說話，你會成為他世界裡的中心。他引述別人觀點的方式，可以讓那個人不但覺得他把話聽進去，還聽懂了。柯林頓像高盛公司前領導者李維（Gustave Levy）對待高盛公司的客戶一樣，能夠讓人覺得自己是他世界裡的中心，因為他跟他們打交道時，他們確實是他世界裡的中心，而且出自真心誠意。美國前財政部長魯斌（Robert Rubin）在《不確定的世界》書中說，這一點是柯林頓能夠迷倒眾生的地方，但也可能造成某種程度的誤解。柯林頓聽別人說話的時候非常誠懇，不習慣的人若碰到柯林頓後來反對他們的立場時，經常會認為他口是心非。稱職的發言人應有的任務、知識和技巧，包括：

任務內容	知識	技巧
在鏡頭前展現親和特質	了解適當傳達的價值	強勢傳播
有效率地回答問題	1. 了解中斷的嚴重影響 2. 了解有效聆聽的步驟 3. 了解「no comment」、「無可奉告」或「不予置評」的嚴重性 4. 了解跟記者爭論的嚴重性	1. 迅速的思考能力 2. 有效採取聆聽步驟的能力 3. 當問題無法明確回答時，可用其它言語說明，而不是保持緘默
簡潔清楚地表達危機相關資訊	1. 理解專業術語引起的問題 2. 了解如何將反應結構化	1. 盡量避免使用專業術語 2. 可以有效組織外界反應
可掌握難以回覆的問題	了解棘手問題的特性	1. 可以定義「棘手問題」 2. 能夠「換句話說」來回答問題 3. 能用機智圓滑的態度來面對 4. 能夠挑出問題中不正確的訊息 5. 能解釋不能回答問題的原因 6. 能評估多種回應的合適性 7. 能以多重立場來回答問題

實用工具

發言人：危機傳播與溝通的關鍵者

- 危機處理團隊中設一發言人，全程負責與大眾媒體的溝通。
- 清楚知道應該怎樣面對傳播媒體：主動與媒體保持聯絡，確認重大消息能夠迅速、有效地傳給主跑記者。
- 客觀接受媒體的緊急和非善意的批評：維持開放與合作的態度。
- 精確傳達組織的立場及要發表的訊息：主動為媒體準備好新聞稿與說明資料，快速反應媒體需求及修正不確實的報導。
- 信守傳達的每一句話都是事實：對於敏感問題可以保持沉默，但不可說謊與隱瞞事實，讓媒體一點一滴地去揭露問題。
- 說話技巧必須清楚、簡單、容易明白。
- 回答每一問題時都需注意所回答的答案及其造成的影響和結果。

⊙發言時要考量的6R+4P要素

危機時的發言到底應該注意到那些原則呢?我們歸納替政府與民間大型企業服務的經驗,整理出一個正確發言的過濾器——「6R+4P的危機發言考量要素矩陣」。

它的橫軸是發言時的職責,要充分考量對危機回應的適切性及對社會回應的適責性(Responsive and Responsible);發言的內容也要充分考量可能造成的結果和所依據的理由(Results and Reasons);發言的動念還必須充分洞悉社會民意,及熟悉如何降低民眾反對壓力(Readiness and Reduction)。

而它的縱軸是發言時的立場要優先考量公眾利益(Priority and Public),同時也要精確考量到自有組織的形象(Precise and Private),兩軸交互成為一個動態的發言考量矩陣。

這個發言過濾器的概念借助於漏斗原理,也就是由上而下層層依序透過每一層考量的要素,第一層是Priority與Public,再通過第二層的

正確發言的過濾器:6R+4P發言考量要素矩陣

<table>
<tr><td colspan="3">反應要及時與切題
反應要符合社會責任</td><td>Priority
Public</td><td colspan="3">優先考量大局
優先考量公眾利益</td></tr>
<tr><td>Responsive</td><td>Responsible</td><td>Readiness</td><td></td><td>Reduction</td><td>Reason</td><td>Result</td></tr>
<tr><td colspan="3">內容要簡明清楚
陳述要主題導向</td><td>Precise
Private</td><td colspan="3">要能兼顧組織權益
充分考量發言目的</td></tr>
</table>

Responsive與Responsible；第三層的Results與Reasons；而後經過第四層的Precise與Private的衡量。全部都能通過考量要素的要求，應能滿足正確發言的標準。

發言也是說話，但是會說話與會發言，其間的相差實在太大。一言可以興邦，就發言的重要性而言，實在不算誇張的形容。以下針對過濾器的6R＋4P要素再做進一步的解說：

1. 對危機回應的適切性（Responsive）：危機發生時，社會各界對於組織的第一個期待是當機立斷，勇於任事地去面對危機，而且立刻拿出符合專業標準的行動。處理危機的第一大忌是拖，發言是表明立場，當然更不能有所遲疑，而且經常要副首長或總經理級以上的本尊出場，否則讓人有不夠代表組織及對人不夠尊重的疑慮。世界石油巨人艾克森美孚公司一九八九年阿拉斯加漏油事件，是最值得引以為鑑的事例。當時公司董事長羅爾從沒到失事現場，也沒在第一時間做出任何公開說明，導致事後一週在數家媒體用整頁的報紙刊登道歉啟事，也無法平息眾怒，而且至今仍為危機處理失敗的典型案例。

台灣墾丁外海在二〇〇一年春節期間，也發生過阿瑪迪斯油輪漏油事件，主事的環保署長林俊義在美遙控，沒有及時趕回處理，同樣落得辭職的下場。

2. 對社會回應的適責性（Responsible）：危機發生時，社會各界對於組織的第二個期待是，拿出的行動與立意能夠切實符合普世主流的價值、社會公眾的期待或企業及職業的倫理。

企業品牌價值經常位居世界第一的藥業巨人嬌生公司，一九八二年發生了舉世震驚的泰諾止痛藥被注入毒劑的事件，在美國芝加哥地區造成七人死亡。嬌生公司執行長柏克獲悉，立即下令芝加哥地區藥品下架，立刻召回全美廣達五十萬個醫師、醫院及分銷據點的高達三千一百萬瓶、價值逾一億美元的泰諾止痛藥；也立即舉行記者招待會，主動安排電視節目採訪，向大眾說明該公司處理的立場與方法。

嬌生公司的泰諾事件，成為世界危機處理的典範。台灣的金車食品公司在二〇〇八年中國三鹿公司毒奶事件期間，因為使用的中國乳品原料也被驗出含有三聚氰胺，而飽受社會大眾抨擊。社會大眾頻頻以「不可置信」表達他們強烈的失望。金車公司董事長李添財立刻親上火線，向大眾致歉，並立即下架產品、更改產品配方及包裝，成功贏回消費者信心，就是師法嬌生的危機處理模式。

3. 對事件結果的影響（Results）：危機發言時對內容陳述或說明的結構，則要以結果為導向。理由有二：一是危機發生時，大家都關心到底結果是怎樣或會怎麼樣；二是新聞陳述的結構本來就是所謂倒金字塔型，也就是先講結論再說理由，媒體從業人員也被訓練成先聽先看結果再談原因的習慣。而對危機而言，它的結果有二個要項，最重要的是組織到底拿出什麼具體的、負責任的、符合專業技術及職業倫理的行動？緊接著，它到底會產生什麼重大的影響？今後怎麼不讓此一災害再次發生？

世界化工大廠美國聯合碳化物公司，一九八四年在印度博帕爾廠發生的毒氣外溢事件，造成高達兩千五百人死亡與超過三十萬人受傷，但是該公司對此一危機事件立即採取的符合專業、人道的行動，事後仍贏得應有的肯定及尊重。

聯合碳化物公司當初立即停止西維吉尼亞總廠的生產，次日並急速由執行長安德森（Warren Anderson）率領醫藥、工程、技術及管理等專業團隊飛赴博帕爾，進行駐廠救援與災害調查工作。在總公司的管理階層也在第一時間向股票投資人及社會大眾說明公司處理此一事件的態度、立場與方案。

4. 對危機處理的解釋（Reasons）：任何一件事情的說明，當然必須有充分的理由作後盾。但如果沒有符合社會公眾期待的危機處理行動，再好的理由不但沒有辦法解除危機，反而會帶來更多的責難及不滿。

世界隆乳矽膠知名廠商道康寧一九九〇年代發生的人體隆乳矽膠外漏事件，就是「立場不對，再多理由也無濟於事」的標準案例。此一危機其實從一九七〇年代就開始產生，不過婦女的這些抱怨及不滿並沒有得到道康寧公司的重視，直到一九九二年，超過三千五百位婦女向美國衛生署申訴及一千位婦女對其採取法律訴訟，這才引起管理部門的反應。

道康寧公司內部早在一九七〇年代就知道此一產品的缺失，但卻一再隱瞞政府部門，拒絕提供關鍵文件及相關資料，也沒有對醫師及病人提供正確的資訊，一錯再錯，導致最後再多的說明也無法彌補其企業形象及財務的巨大損失。

5. 讀懂人心（Readiness）與降低壓力（Reduction）：危機發言一定不能沒有同理心和同情心，否則再好的言詞都只是華麗詞藻的堆砌。發言的措辭更不能是官腔官調的法律文字的複誦，否則無異提油救火。從洪仲丘事件、阿帕契事件到憲兵違法搜索事件，短短三年，國軍連遇三次形象危機，飽遭媒體與網友的譴責和奚落，不但重度傷害軍人的社會形象，更使軍中官長的威信大受衝擊，嚴重影響領導統御。連續發生三次出現危機處理問題，主因都在不知民心之變，也不知如何正確降低危機壓力。

6. Priority與 Public 可以同時做為發言時立場的考量：企業經常對公共關係有非常不正確的認知，誤解所謂公共關係就是擺平事情，甚至抽掉新聞。公共關係的真正意義其實是社會絕大多數人道德倫理及主流價值的代表。公關人員與媒體及社會溝通的最大憑藉，就是符合社會正義及公共期待的價值，不是一味施行個人好處的吃喝玩樂。

Priority的另一考量是指發言時的立場或目標，要盡可能地往大處及真正的價值著眼，而不要把大事說小，而是要能讓人側耳傾聽，也技巧地傳達了不起的事情。

美國雷根總統是化危機為轉機的高手，他的發言不僅動聽，而且令人動容，總能化險為夷，化悲痛為力量。一九八六年一月，太空梭挑戰者號在卡納維拉爾角升空後不久爆炸，高中老師麥考利夫（Christa McAuliffe）首次入選為機上六名太空人之一。她被挑上的原因之一，是要為學童示範太空飛行的人性化。當時全美有四成兒童在課堂上從電視中看到這起爆炸的畫面，那對許許多多的美國人是強烈的感傷。

「在那種言語無法表達的當下，正是最需要言語的時刻。這樣複雜的狀況下，必須由總統講話以安撫人心。」傑美森（Kathlean H. Jamieson）在《E世代的雄辯術》中寫道。

雷根利用大家共同的經驗成功地將這個悲慘的畫面，扭轉成為一幅充滿希望、英雄主義的影像。他說：「挑戰者號組員走完這一生的方式，讓我們引以為榮。我們永遠不會忘記他們，也不會忘記最後一次——今天早上——見到他們的情景。當他們整裝待發、揮手告別，掙脫了塵世的枷鎖，觸及上帝的臉龐。」

白宮文膽葛根形容雷根將這次太空梭的任務提升為人類勝利的一刻，為這次國殤賦予新的意義：「我以前不了解搏感情（camaraderie）對於領導能力有多重要，現在我卻認為，若沒有它，一位領導人很難生存下去。」

Public的真義並直接涉及國際憲法及各國憲法所保障的各種天賦人權，包括：憲法明文保障的人民有居住遷徙、思想、言論、講學、著作、出版、宗教信仰、祕密通訊、集會結社的自由及經濟上受益權（生存權、工作權及財產權）、行政上受益權（請願、訴願及訴訟權）、參政權、應考權與服公職權。

這些天賦人權也都是領導人與高階經理人必須牢記在心的普世價值，而且能夠身體力行，才不致在發言時常常凸槌。企業的高階主管優渥久了，有時會像生活在舊王朝的政務官們一般，忘了今夕已是民主時代，而不經意講出不適當的語言。

7. Precise與Private在發言立場時也必須兼顧：Precise是指發言貴在言簡意眩。發言的一大要件是，切記不可拖泥帶水、又臭又長，而必須十分精準且切題，且多使用大眾語言，容易理解。法律、財務、會計及技術專業出身的人經常深怕話說少了，讓別人不夠明瞭，以致落進專業的迷失或言語的迷障，使聽眾更陷入五里霧中，不知所以。

發言結構可以簡化成像一紙公文。寫公文最重要的是主旨，主旨就是告訴收件者你目前的問題、你想要做什麼跟他有關的事及預期有什麼結果，並期待取得他的認同，進而採取你建議的對策。主旨先講清楚了，接下去再說明其他部分即可。

發言的結構可以如此簡單地如法炮製：主旨是向你的目標對象簡要說明你的目標及重點，接下去再逐條說明。許多企業沒有新聞專業人才，卻硬要寫新聞稿，其實不必，改用說明稿即可，簡明又清楚，記者處理起來方便，也不致引起不必要的誤解。

最後，Private則是提醒發言時不能因公忘私，固然一己之私不能大於公共利益，但也不是全然不顧及組織合法或合理的權益，特別是如果企業遭致不公平的待遇或不正當的競爭時，它更有責任同時護衛組織及股東的權益。

企業的職責之一是營利，好壞企業的差別在於它創造的是不是值得尊敬的利潤。漢彌爾頓（Alexander Hamilton）在《聯邦黨人文集》中說：「金錢理應被視為國家的首要原則。它維持國家的生命和運轉，使國家能夠履行自己最基本的功能。」企業家面對危機的處理，不能也不必完全捨身取義，反而應該把維持企業的永續經營列為重要的項目。

⊙ 發言的另一考量：PASS與4C模式

旅美危機處理專家邱強針對危機時的發言另有其獨到的見解。他提出了所謂「PASS」模式，分別包括下列要項：

- **優先**（Priority）：首先要明確地向民眾宣示，絕對會「優先」將危機的問題處理好。
- **行動**（Action）：表達未來「行動」的時間表，讓民眾知道將採取的措施，指引民眾如何自我防範的應變措施。

- **同情**（Sympathy）：要對受害人的生命財產損失表示「同情」和深度的關切，負起責任，在法律與人情義理上協助受害者。
- **安全**（Safety）：要對民家的生命財產保證「安全」，承諾會立即進行災害原因分析，預防二次災害，公布調查結果。

美國佛羅里達大學教授諾蘭（Joseph T. Nolan）也對危機時的發言提供4C的應用模式，十分實用：

- **相信**（Confidence）：向民眾宣示，絕對相信團隊成員作為，也相信民眾有明辨是非的能力，會負責任地面對問題。
- **留意正反情況**（Converse）：對受害人因不實指控而受之名譽等損害表示重視，也對惡意攻擊者的不法或有失立場的行為表示無法認同。
- **認可**（Confirm）：對受攻擊者的道德與所屬團體的作為，充分表示最大的肯定及認可。
- **中止**（Cease）：公布初步了解或緊急調查結果，也讓民眾知道將採取的措施，並籲請、指引民眾如何一起打擊不法與抹黑等不道德行為，讓這些行為中止。

⊙ 發言的禁忌與應有的警覺

1. **發言分為嘴巴的發言與身體的發言：**名舞蹈家葛蘭姆（Martha Graham）小時候撒謊，她的醫師父親告訴她說：「嘴巴可以說謊，但身體可是沒有辦法欺騙別人的。」

要成為一流的發言人，就像要成為一流的演說家，如美國前總統林肯、羅斯福、雷根等人一樣，除了努力還要有天賦。要成為稱職的發言人，可以學法務部特別偵察組發言人陳雲南，話不多卻很受用，表情雖嫌呆板但謹守職業分際，自有他成功的道理。

2. **發言人應注意的說話技巧：**

- 不說「不願置評」或「無可奉告」、「無意見」：善用生動實例或隱喻言詞回答敏感問題，以免令人誤認公司隱瞞真相、缺乏應變能力或漠不關心。
- 不說「我不清楚」或「不知情」：這是危機處理中不可出現的字眼，必須說「正在了解中」、「正在估算中」。
- 多用「正面」與「肯定」語氣。
- 多用「條列式」而非「敘述性」回答：簡短扼要、強調結果、行動與影響，而非過程與細節，逐條回答。

- 多用「斷句」，一句一句地講，而不是用「連續句」，讓語意清楚。
- 警覺「假設性」問題：可以說「已經列入考量，目前尚無此一現象」，或「容許我們集中全力處理當前問題」。
- 冷靜而且仔細聽取每一問題，經過思考後才回答。
- 避免和記者爭辯，也不要光回答問題，而要利用問題，推銷組織的立場與善意。
- 如有疏失，務必盡速承認並且道歉。

3. **別掉入他人的語言陷阱：**發言是代表一個團體表明立場，不是一個人自己說話，所以動見觀瞻，一旦出錯，不只是雪上加霜，特別是身處危機之時，馬上就會成為大眾及媒體批判的話題，絕對要深思而後言。身為危機時的發言人要充分理解自己的角色、功能及分際。

實用工具

危機發言的有效句法

發言人要有的四大功力包括：一、贏得民眾相信：發言人所傳達的訊息是客觀且具可信度；二、展現媒體親和力：特別是在攝影鏡頭前能從容鎮定；三、精準溝通技巧：發言人必須與觀眾保持目光交流，輔以手勢表達重點，應避免聲調單調無變化，要有適當的臉部表情，不要用太多的語助詞；四、熟練發言的重點：最重要的是克服在公眾面前發言的恐懼，再來就是了解觀眾的習慣，最後就是經常增進發言的技巧。

危機發言的有效句法，主要包含下列四點：

1. **清楚知道發言所為何事**：日本作家照屋華子和岡田惠子在《邏輯思考的技術》一書中建議，發言應先問自己兩個問題：你是不是得了「只看得見自己的病」？你是不是得了「瞬間讀心術症候群」？所以，發言的問題不在於「你」想說什麼，也不是「你」認為重要的是什麼，而是對方所接收的「訊息」是不是他期待的。另外，你也不能老是當讀心術專家，我們不可能百分之百掌握他人的心情或喜好。

2. **知道何謂「應該傳達給對方的訊息」**：訊息的三項要件，包括：「問題」、「答案」和「期待得到對方的反應」。所以，發言之前要認真確認問題（主題）和期待得到對方的反應，包括：希望對方「理解」；希望對方「回饋意見、建議或判斷」；以及希望對方「採取行動」。

3. **明白什麼才算是「答案」**：答案的三要素包括：

- **結論**：針對問題，回答提問者認為是答案的核心內容。結論有兩種：提議進行某種行動、表達評價和判斷。
- **根據**：能夠導出結論所根據的理由，以使對方贊同該結論的必然性。
- **方法**：如果結論是行動，就提出具體的做法，讓對方信服和支持。

4. **熟悉邏輯思考的類型**：解說型＋方法型＝簡單清楚的發言結構。

⊙危機發言：經濟學與心理學的世界

世界上什麼事都可以拿來爭辯，而在這些爭論中，並不是最有道理的人占上風，而是最會說話的人。英國啟蒙運動哲學家休謨（David Hume）在《人性論》中說，理性的結論在公共辯論中的時候「很飄渺，好比晚上的幽靈」。

美國行為經濟學家康納曼指出，我們大腦的前額皮層是按照傳統經濟理論所預測的那樣來做決策，但絕大部分時間人類並不經過思考，而是靠直覺行事，或是靠大腦的其它部分如島葉，以印象和感覺做決定。

普林斯頓大學心理學教授柯恩（Johathan Cohen）說，前額皮層活動與功利決策有關。在經濟決策研究中，前額的活動和做出更有利的選擇相連。理性的經濟人就是只有前額而沒有島葉的人。

危機發言人不能只是理性的經濟人，也不能只是情感奔放的社會人。

熟悉邏輯思考的類型
解說型＋方法型＝簡單清楚的發言結構

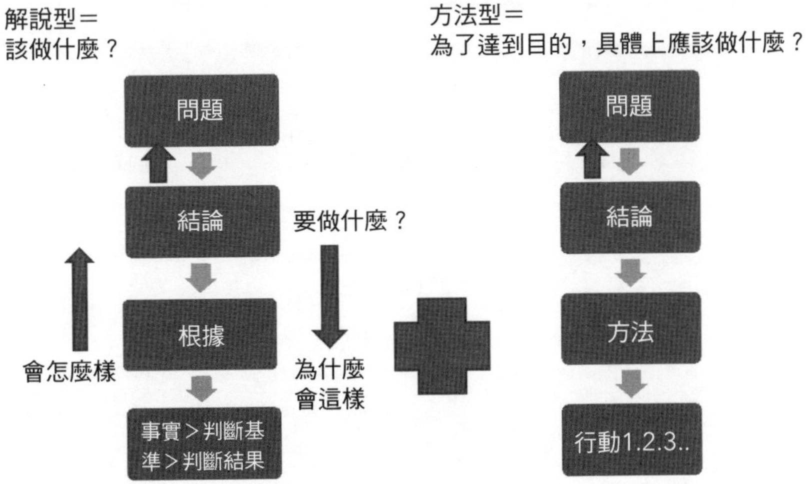

個案啟示

掌握第一時間的轉機：嬌生與百事可樂的危機

時間是危機處理的第一個敵人，危機不會自然消失，而且每一個受害者都想要他的問題能在第一時間就被處理。你的困擾立即而至，如何處理？

二〇〇八年全世界最震撼的危機事件之一應該是中國三鹿公司的毒奶粉事件。此一事件連帶地使台灣眾多的食品廠商與大賣場，包括雀巢、金車、大潤發都無法倖免，紛紛中箭落馬。當消費大眾得知連金車都用了毒奶粉原料時不禁直呼：「實在不敢相信！」

對於食品中毒事件的處理，嬌生在泰諾止痛膠囊千面人危機事件的處理模式，幾乎成為全球廠商的標準作業程序。金車公司在毒奶粉危機與保力達二〇〇五年的毒蠻牛事件，都借用嬌生的泰諾模式，成功地度過危機的衝擊。

嬌生公司泰諾千面人危機

一九八二年九月二十九、三十日，七個芝加哥人在服用遭人惡意摻入氰化物的嬌生泰諾止痛膠囊後死亡；市場謠傳共有兩千人中毒致病，一時之間各界譁然，引起市場極度的恐慌，九四%的民眾表示不願再服用此藥，使嬌生面臨生死存亡考驗。

嬌生隨即以「保障大眾健康安全與消費者權益第一」為原則，不惜採取損失達一億美元的處理方式：

1. 立即回收所有泰諾膠囊。
2. 在各大報章刊登全版廣告，通知顧客換取藥片。
3. 利用電視與新聞媒體，向大眾説明事情經過與緊急處理方案。
4. 重新更換包裝，蓋印檢查後緊急推出新品。
5. 立刻與製藥界與醫療界人士進行大規模的溝通。
6. 確實調查所有廠房是否合乎安全，員工有無涉及此案。

一九八二年泰諾膠囊在止痛藥市場上獲得三七%的市場占有率，每年銷售額四億五千萬美元，佔嬌生八%的銷售額，利潤額的一五%以上。此次事件一度使市場急劇萎縮，連續三個月市占率不到五%。然而，由於嬌生採取了有效的應對措施，一九八三年二月市占率又迅速回升到三五%。

嬌生迅速實施的兩個關鍵行動有：

1. **對新聞界迅速而且自發的回應**：從接到記者的第一通電話，到後來更多的記者電話，公司都坦率真誠地處理；此舉贏得媒體的公開讚揚，並迅速提出結論：嬌生是芝加哥悲劇的一個犧牲者。《華爾街日報》報導：嬌生選擇了一個自己承擔巨大損失、但避免別人受害的決策。此案成功的關鍵在於該公司有一個「做最壞打算的危機管理方案」。
2. **立刻採取行動保護客戶**：全力收回所有上架的泰諾膠囊，贏得社會大眾的高度信任，使得後來新品上市時，立即成為最受歡迎的處方止痛藥。

百事可樂針頭危機事件

一九九三年六月十日，美國華盛頓州的一對夫婦指控，他們在所買的一瓶罐裝無糖百事可樂中發現了一支注射針頭，並且已將有關證物交予律師，上報當地政府衛生當局。這對夫婦第二天登上了當地電視台，隔天鄰近地區的一位婦女則說，她在一瓶罐裝無糖百事可樂中也發現了一支皮下注射器的針頭。

六月十三日，美國食品與藥物管理局局長凱斯勒（David A. Kessler）警告，華盛頓、奧勒岡、阿拉斯加、夏威夷以及關島地區的消費者，要「仔細檢查無糖百事可樂罐是否有遭到破壞的痕跡，並將飲料倒入杯中再飲用」。而此一事件存在惡意破壞的可能。隔日，全美有八位消費者聲稱自己在百事可樂罐中發現針頭。百事飲料針頭事件瞬間佔據媒體全國性版面，各地的地方新聞也將鏡頭對準當地的百事可樂罐裝廠。百事可樂隨即成立危機處理小組，成員包括總裁威勒普（Craig Weatherup）、公關副總、法律顧問與行銷、生產等其它部門的高階主管，迅速蒐集媒體有關針頭事件的報導，並決定藉由傳媒來處理此一危機。

「當你被媒體審判的時刻，你必須同樣使用媒體作為武器。」威勒普與FDA局長通話，兩人一致同意沒有將產品從市場上召回的必要，理由是威勒普分析此一事件與嬌生的泰諾事件存在著本質上的不同。泰諾事件致人死亡，針頭事件則無人受到傷害，且不召回將來也不致使人受到傷害。

危機小組決定用現場實況來説服大眾，買下了所有電視和廣播的黃金時段，反覆進行闢謠宣傳，播放罐裝生產線和生產流程影片，向大眾解説任何人員要在數秒之間將針頭置入罐中是絕無可能的。並且運用謊報飲料事件的第一次拘捕行動影片，向觀眾説明：一、不同城市對發現針頭的指控無任何相互關連；二、該針頭可在打開瓶蓋後置入之可能；三、罐裝是飲料食品最安全之包裝；四、產品沒有召回的必要。後續還有支影片播放某便利商店監視器拍到一名婦女正打開無糖百事可樂中並塞進針頭的畫面。

透過與FDA的密切合作，請該局出面揭穿此一詐騙案，因與官員一起出現於媒體，事實終得以澄清。一九九三年六月十七日，凱斯勒局長在華府特區舉行記者招待會，明確指出此一事件為騙局，是「具有誤導作用的個人行為，媒體為吸引收視的擴大報導，引起了大量的惡意模仿行為」。隔日，FDA的OCI檢調中心逮捕了五十五位與此事件相關之犯罪嫌疑人，百事可樂走出危機風暴。威勒普總裁並致函柯林頓總統，感謝凱斯勒與FDA官員在揭穿此案的出色表現。而危機期間，威勒普總裁每天與全體員工進行直接的訊息傳遞及溝通，使其及時掌握事件動向與公司立場。

實用工具　華納蘭伯特（Warner-Lambert）危機處理檢測表

1. **檢測可能引發危機的訊息與徵兆。**經常性地由高階經理人進行檢測，詢問自己什麼樣的危機事件會對你的組織造成最壞的衝擊。
2. **準備替代性產品或技術。**啟動產品開發，以使替代性產品能夠及時上市。

3. **迅速反應。**你在危機發生兩天內的反應，會影響消費者對你的公司與產品的態度。

4. **不要反應過度。**讓危機管理團隊負責處理危機，其它的人應該繼續照料公司的營運。

5. **與市場保持密切的互動。**與市場及消費大眾保持直接的溝通及互動非常重要。

6. **注意你的競爭力。**危機會為你自己與競爭者製造機會。

7. **準備放棄你部分的市場。**管理危機要想不產生任何損害是異想天開。管理危機是減低損害，而不是終止損害的可能。

8. **不要假設一個慌亂的局面。**套句田納克石油（Tenneco）的危機處理宣言：當我們面對一堆壞消息，最好的處理之道是盡速發布更多正確的消息。

9. **建立善意。**平時建立的正面形象有助你度過危機的不利衝擊。

10. **拿出應變對策。**它將使你能夠在危機發生的前幾個小時做出有效的反應。

他山之石

麥當勞為何一再說錯話？

麥當勞是全球最大的連鎖餐廳，遍布全球六大洲一百一十九個國家，擁有約三萬二千間分店，是全球餐飲業知名度最高的品牌，經營理念Q（Quality，品質）、S（Service，服務）、C（Cleanliness，衛生、清潔）、V（Value，價值）也被認為是美國文化的代表。可惜的是，這家跨國企業因為長期忽視公共及社會議題的變化，加上經常發言不當，從二〇一三年以來就業績下滑，而且風波不斷，搞得灰頭土臉。

根據「living生活HOW研究所」網站針對日本女性消費者（有效份數六百四十七份、平均年齡四十四歲）所做的問卷調查，經過上述一連串事件後，「對麥當勞印象變差」的比例高達九七・七％，僅二・三％表示不在意；三〇・九％表示「再也不去麥當勞」、二六・三％「偶爾去」，回答「仍照常去」的人僅佔了九・四％。甚至有人表示「若有人邀我去麥當勞，我會拒絕」。

女性一向被認為對潮流敏感，得此結果並不意外，但日經Business的問卷調查（有效份數一千一百六十五份，男女各半）得出意外的結論：一向被認為對健康較不在乎、有可能因經濟因素而選擇麥當勞的二十世代，竟然對麥當勞印象最差，在「CP值」、「健康面」、

「安全性」、「品牌形象」等項目中，回答「印象差」或「有點差」的比例，都高過了全體平均，甚至有七成的二十世代認為「麥當勞對健康有不良影響」。對鎖定年輕人為消費主力的麥當勞來說，無疑是天大的壞消息。

問卷還顯示有超過六成的家長已經「減少利用麥當勞」。縱然麥當勞今年推出「Mother's Eye」專案，邀請媽媽們一同巡視分店、工廠，開發菜單，執行長卡莎諾娃（Sarah Casanova）更走遍四十七個都道府縣傾聽媽媽們的意見，但想扭轉印象仍需時間。

隨著人口結構、生活型態和價值觀念的改變，食品行業本來就是身處高度敏感及十分爭議的風口，需要平常格外重視議題管理及社區關係，但是因為跨國企業規模過大，地區高階主管經常身處尊崇地位，久而久之就輕忽了此一要務，導致一旦產生產品、顧客及社會爭議之事件，立刻在對應的方法、態度、行為和言詞上出現有失民眾期待的巨大落差。

食品安全的報導向來是社會關注的焦點，一旦有此消息傳出，媒體莫不爭相報導，特別是樹大招風的品牌。因此，當速食店的炸油檢驗風波不止，不斷有新的區域和速食業者被驗出不合格，甚至傳出有致癌物質時，麥當勞的一舉一動當然最引人注意。此一事件由最初的油脂酸價檢測，多數速食業者均被判定不合格，而後轉變為新北市麥當勞部分分店被測出重金屬砷含量過高，可能致癌，整個劇情急轉直下，矛頭全部轉向麥當勞。

此一炸油風波，麥當勞應在第一時間提出全面性的對策，例如：全面清查各分店的用油品質與訂定換油標準等，卻反而槓上消保官在檢驗結果上爭執，此舉不但不能解除消費者的疑惑，反而延長了媒體報導的時間，同時擴大了報導的方向，原本是炸油品質，現在又增加了麥當勞是否在檢驗上作假的文章。

危機處理的原則是及時、有效且講策略，尤其是對未來情勢的研判，更要有不同情況的沙盤推演，才能及時對應。發言是危機溝通的要項，一次犯錯，可能沒有再一次的補救機會，所以要更慎重地以策略來思考對應的方式，才能轉危為安，遠離媒體的風暴。

危機溝通參照邱強的PASS和諾蘭的4C原則，最重要的三點是：一、誠實面對；二、承認錯誤；三、提出立即改善措施，而且讓人一兩天內可以看得到成效。麥當勞絕對有危機處理的標準流程，但為什麼全都沒用上？麥當勞發言的經常缺失是，老是正經地說配合政府法規，卻沒有提出任何符合同情心和同理心的實際行動。

麥當勞另一發言不當的事例出現在高雄右昌，店長報警驅趕一名想買冰淇淋吃的唐氏症婦女，引發各界強烈抨擊，成為當週末最轟動的企業危機事件。

本次事件中，除了店長報警驅趕唐氏症患者、與警方互相攻訐以及店員PO文又刪等陸續延燒的種種進展外，引起軒然大波的更關鍵原因，其實還是在於總部公關窗口於第一時間對記者的回應內容：「因未侵犯王女權益，麥當勞不會道歉，但歡迎她繼續來用餐。」

這個看似制式、中性，也非常符合企業思維的回應，剛好碰到沒有什麼其它更大條的新聞事件的週末，意外地觸動了社會近期對於企業高度不信任的敏感神經，名嘴輿論也就如同洪水找到了抒發口，排山倒海的指責捲向麥當勞而來。社會大眾猛烈抨擊怎麼可以歧視唐氏症患者，做錯事後，又怎麼可以這般倨傲，堅持不道歉？這也引發部分媒體找出過往在美國麥當勞發生過的歧視事件，進行類比對照，加深了麥當勞是歧視弱勢慣犯的負面印象。

第10章 突發事件與行為決策

突發事故下，人的心理面臨失常的轉變，而其行為決策又會受訊息的透明度和可信度所左右。系統科學和認知心理學已經證實了此一現象。

緊急性突發事件就像是美國九一一恐怖攻擊事件、SARS疫情、台灣九二一地震與中國四川汶川地震等，對一個社會系統的基本秩序、價值和行為準則瞬間產生嚴重的威脅，而且在時間壓力大和不確定性極高的情況下，又必須做出關鍵性的決策。這種突發事故由於幾乎無法預知，而且來得又急又快，造成的意外損失與衝擊又非常大，必須緊急動員所有可資利用的人力、物力與財力來快速處理。

此類災難型緊急應變是國家級危機處理的要項。美國、歐洲與日本各先進國家已發展出運用系統科學與認知心理學的原理，特別是應用前景理論來研究危機事件下的人類群體與個體行為的變化，透過問卷調查、檢驗分析、變量數據，探討危機條件下人們行為決策的特徵和規律，作為處理重大及緊急性危機決策的有力參考。

國際危機處理專家華勒斯在〈重拾信心的危機管理實務〉一文中指出，突發性危機處理最根本的兩個要務是：一、盡速終止危機，以降低災害損失；二、影響傳播，以重拾大眾信心。降低損失是要透過對危機特性的了解、危機的識別，以及評估它可能的損失及影響，採用科學與系統的方法來降低損失。影響傳播則是客觀、理性與及時告知民眾有關危機的來源、發生與演化，及所採取的行動對策，以免引起大眾不斷猜測和恐慌。

一、突發事故下的人類心理轉變。根據華勒斯的研究，人類在突發事故發生的心理會隨著事件的演變，產生下列七項立即性的變化：

1. **驚訝**：由於此類危機突如其來，非大家所預期，因此第一個制式的反應是會立即竭盡所能，特別是經由大眾傳播媒體，想即刻知道到底發生了什麼事，以及採取了哪些立即的因應行動。
2. **資訊不足**：太多事在某個時點發生，但又無法獲悉足夠的訊息，於是謠言開始四起。大家又急著想經由媒體知悉為什麼股票下跌？但需要關切的訊息太多了，每項消息都想知道實在不容易。
3. **事件升高**：危機擴大，你希望對危機的處理能夠一步一步、按部就班，但是事件的發展快速得難以控制。

4. 失控：太多事情同時發生，謠言更是滿天飛舞。

5. 外界猜疑：政治與社會團體開始發出評論。新聞媒體需要反應，投資人需要答案，消費大眾想知道到底是怎麼回事。

6. 反抗心態：組織覺得被四處包圍；律師總強烈提議多說無益，只會招致反彈。但是封住嘴巴有用嗎？

7. 恐慌：公司如同陷於層層高牆圍住的內城中，緊張氣氛瀰漫四周，管理階層得趕快採取行動，並與外界溝通到底發生了什麼事。

二、遏止傳言風暴。「傳言風暴」經乎是突發性危機發生時的常態，當人處在驚慌失措的情境時，一切意想不到的懷疑、猜忌和謠言都會輕易發生。

溝通的主要目的當然是要說服別人。危機發生時，善用新聞媒體的重要性與可行策略，前面已專章論述及說明。語言學者愛林斯基（Saul Alinsky）提出了一個簡單的說服理論指出，人很容易受到自己熟悉的經驗影響，因此當你想說服別人時，一定要運用對方所熟悉的事證、信仰、情感與期待的方式。他說：「最能說服別人的媒介，第一是事實，第二是情感，第三是個人經驗，第四是用取悅於他的方式陳述。」

危機處理是一個涉及個體和政府、媒體、社會機構等的互動過程，其有效性取決於彼此之間的相互作用和影響。其中訊息傳遞扮演十分重要的角色，它與危機心理預期行為反應的相互關係為：

1. **危機事件下搶購行為，直接與人們的心理預期成正向關係。**
2. **私人訊息會影響個體心理預期，並產生過度反應。**
3. **盡早公開相關訊息，有利於遏止私人訊息的影響。**
4. **訊息對於個體風險感知的影響，取決於個體接受訊息的狀態、信任程度，與其適當滿足公眾知情的需要。**

三、危機與風險感知空間模型。現代總體經濟學鼻祖凱因斯在《就業、利息和貨幣的一般理論》中認為，投資收益日復一日的波動，顯然存在著某種莫名的群體偏激，甚至一種荒謬的情緒在影響著整個市場的行為。群眾心理的股市「選美競爭」現象和投資者的「動物性衝動」（animal spirits），此時會對人群產生「花車效應」（bandwagon effect，從眾效應），這也是領導者在處理重大危機事件不可忘卻的群眾心理。

個體行為模式不僅受到本身意願的影響，也不可避免地受到他人行為模式的影響。在他人的影響下，突發性的社會危機事件使人們常常展現出一種群體性行為。心理偏差的一般表現為：

- 當行為個體發現依靠自己有限的能力無法獲得安全感時，就會從政府、媒體、專家以及自身的經驗和直覺等方面去尋求答案，以獲得心理的滿足，消除心理的不安。
- 當外界的因素無法對不確定的前景擁有明確的答案時，經驗和直覺就會占有重要地位。
- 人類一些固有的行為會不知不覺地左右人們的行為，認知偏差就會顯現。

「突發性社會危機下的群體行為」是群眾在危機下的社會現象，而它可能引起公眾高估事件風險的影響要素，包括：事件特徵、個體關係、社會影響與個體自身等，分別表列如後。

⊙第一時間的做法

重大災害發生的第一時間，最急迫的就是趕緊成立危機處理小組、緊急指揮中心及災害救援中心，並快速動員災害相關部門，而且與新聞媒體、社區與居民取得最密切的互動。中國中央政府在二〇〇八年四川汶川大地震期間的緊急抗震救災部委行動方案，可為借鏡。

中央指示：中國中央政治局常委會議，五月十二日晚上由總書記胡錦濤主持，全面部署當前抗震救災工作。

可能引起公眾高估事件風險的類型

影響要素		類型
事件特徵	事件起因是否明確 是否可以觀測 影響範圍是否明確 結果損失是否明確 發生可能性大小 持續時間是否明確 自然或人為 突發或慢性的 全新的或熟悉的	不明確 不可以 不明確 不明確 客觀概率大 不明確 人為 突發 不熟悉
個體關係	個體是否可以控制 是否被迫面對 面對的代價大小 面臨的威脅大小	自身無法控制 非自願面對 成本高收益低 有威脅
社會影響	對政府（企業）信任 領袖風格 有關事件訊息 媒體導向 專家看法 周圍人群	不信任 懦弱 不知真相 訊息爆炸 缺乏 緊急
個體自身	有關災難的認知與了解 有關災難經驗與經歷 人格特徵	不了解 沒有 易衝動

資料來源：Recchia（1998）、彭泄清（2004），〈個體面對SARS災難評估的25項因素〉。

部署救災：中國中央決定成立抗震救災總指揮部，由總理溫家寶任總指揮，副總理李克強、回良玉任副總指揮。

緊急性災難的黃金七十二小時：中國救災局在四川大地震中婉謝國際專業救難部隊進駐，曾經遭受外界強烈的抨擊。他們所持的論點乃七十二小時是緊急性災難的黃金時間，一切救災應以是否能在黃金七十二小時發揮最大救援能量為最大前提，特別是要運用高科技的生命跡象搜尋設備與高靈敏度的救難犬，以在這段時間內拯救更多被埋在瓦礫堆下的人。

⊙災情資訊為救災關鍵

根據美、法、日等先進國家處理緊急性災難的經驗，災情資訊（什麼地點發生什麼樣的災情）往往是決定救援成效的關鍵因素。成功大學政治系教授楊永年指出，九二一大地震時災情資訊曾經發生這樣的現象：大家很想知道卻又不知道哪裡最嚴重，使得最先發布災情資訊者經常被視為災情最為嚴重之處。外界缺乏災情資

四川震災，緊急抗震救災部委行動方案

階段	目標	工作重點	起迄時限	動員數量	負責單位
搶救	搶救生命	深入災區、救難團隊	根據國際防災標準與符合相關科學及技術規範，五月十三日晚上十二點要到災區。	兩萬人	國家減災委
	搶救生存	緊急醫療、醫療團隊			衛生部
	搶救生活	空投物資、臨時住所			民政部
防治	防止疫情	清潔衛生、疫病防控			衛生環保部
	防治疾病	防治傳染、感染性疾病			衛生環保部
	死亡處理	戶籍登記、遺體處理			民政部
復原	建築復原	損害調查、重建規劃			民政部
	交通復原	通訊、電、水			交通財政部

訊，往往是導致救災延誤的主因。

以九二一大地震為例，當時造成南投與台中許多災區交通與通訊全部中斷，還好在業餘無線電愛好者（香腸族）協助下，拼湊出寶貴的救災資訊，提供給救援單位，使得許多救援團體能在最短時間抵達救災。但因為業餘無線電的功能畢竟有限，很多災區資訊仍難有傳遞效果，使得一些有意投入救災的其它縣市團體不得其門而入。

九二一大地震發生之初，氣象單位一開始所偵測到的震央是在集集，導致很多人以為集集災情最為慘重。隨後埔里傳出嚴重災情訊息，並經媒體鎖定為最嚴重的地區，使得社會大眾與政府官員轉移認知焦點。雖然地震發生不久後，南投中寮鄉、國姓鄉陸續傳出嚴重災情且程度不下於埔里，卻因交通與通訊不便導致救災資源投入的延遲。

整體而言，由於當時媒體大幅報導南投災情，使得南投縣在短時間即獲得外界龐大救災資源投入。當時縣長透過收音機大聲疾呼，災情慘重，亟需飲水、泡麵、帳篷等救災物資，短短三天物資立即擠爆體育館（臨時救災應變中心）。後來縣長再度透過廣播，說明救災物資已足，需要現金投入救災，在很短的時間內也獲得來自各界的龐大善款。因此，若災區行政首長能透過媒體提出具體訴求（例如，災區需要眾多重機械挖掘受困瓦礫堆之災民），當有助救災資源之整合與投入。

實用工具 危機反應的主要步驟

危機管理專家柯恩（Robin Cohen）建議的危機反應主要步驟的重要階段有：

- **承擔責任**：向大眾說明哪裡出了問題，更重要的是，你將如何妥善處理。
- **溝通**：盡速在第一時間即與大眾溝通。如果資料還不夠正確，解釋並承諾一定盡快補充正確資訊。
- **表示同情**：受害者及其家屬的權益擺第一，隨時準備提供他們需求的幫助。
- **CEO發牌**：CEO當然要負成敗之責，而且他的信譽與公司息息相關。
- **考量法律**：法律建議是危機處理的一部分，但不能一切以它為馬首是瞻。假如失去了顧客和信譽，法律對公司的保護就完全沒有意義了。

⊙ 危機決策的心理

在國家政府面臨危機的情況下，決策可能發生問題的情況很多，因為危機關切著國家政府的生死存亡，反應的時間又極有限，自然會導致決策者在心理上產生極度的緊張與壓力。而在危機升高中做抉擇的首要困難，就在於對狀況不易做客觀的判斷。

陶意志（Karl W. Deutsch）在其危機決策的資訊處理研究中，發現人在壓力下容易疲勞；而在疲累的狀況下，人容易有情緒化、憑直覺及不理性的反應。同時人在危機的恐懼下，決策能力也會明顯下降，並且會有誇大危機中事務重要性的傾向。

史默克（Richard Smoke）的研究也發現，在危機中決策者心裡認定的機會與選擇消失得比真實世界中快，他稱這種現象為期望的窄化效應（narrowing expectations），主因是人本能地在心理上有要求認知一貫（cognitive consistency）的需要。而心理學家認為人在困難與受脅迫的情況下，會更傾向於保持認知的一致，變得不能忍受複雜性。此外還有明顯忽視重點的現象，這種現象又有人稱之為緊張壓力下的事實簡化效果（reality-simplifying effect）。

另外，霍爾斯蒂（Ole Holsti）在研究中也發現，決策者在壓力緊張與資訊過多的情況下，會急劇地減少需深入考量的方案。同時在與對手打交道時，只會注意來自對方訊息中的威脅面，而忽視妥協的一面。史默克也指出這種事實簡化的現象在一連串升高的壓力中更會加倍作用，因此也會使得決策者的政策選擇更少。

除了壓力緊張外，影響客觀認知的主要因素還有決策者的人格、意識型態，甚或個人偏見與私心。在危機時為了要迅赴事功，也有必要越過一般層層核示的行政作業流程。在危機時，為避免以上決策者個人及機構上的缺陷，可由高層負責人直接組織危機處理小組，既可集思廣益，又可分擔決策時所必須面對的壓力與責任。

但在小團體決策時得避免團體思考的決策模式（Groupthink）。社會心理學者及決策論者發現，這種現象發生在一個團體精神越濃但成員親和力越高的決策團體中，各個成員對尋求團體一致的心理，會凌駕了決策成員對事物的客觀評價與認知。當年美國前總統顧問舒勒辛格（Arthur Schlesinger）參與豬玀灣事件策劃時，在討論過程中，他心裡對許多中情局的報告都存有疑惑，但見到與會其它首長都充滿自信，甘迺迪總統又那麼斷然，因此即使有許多疑惑也不敢說出來，因為他覺得自己也未必比別人聰明，為何別人都沒有懷疑，是否自己多慮？由於這種自我拘束，使得應有的質疑未能提出。豬玀灣大敗後，大家私下商討，發現當時與會者不只他一人有這種自我拘束的感覺。

那麼，要如何避免團體思考傾向的這種缺點呢？簡單而言，有以下三種要點：

1. 決策者應鼓勵各成員互相批評意見，甚至也可以批評決策領袖的意見。
2. 領導人應在討論中盡量扮演客觀角色，不必強調一己的偏好與主張。在適當的時候甚至自己離開會場，可以讓部屬在無壓力的情況下暢所欲言，等討論接近結論時，再做最後的裁奪。
3. 對同一危機應變方案，決策團體應設數個工作小組，鼓勵彼等從不同角度研擬不同方案，並且互相辨別利弊得失，如此才可能使危機決策更周延。

⊙ 危機決策的執行

在危機決策後的執行方面，一定要貫徹到底，不容許執行單位產生偏差或打折扣。因此，在執行過程中，決策者必須設定權責單位，隨時保持密切監督，以便檢討得失、調整政策。而在下達命令時，決策者與各級執行者之間一定要保持聯絡管道的暢通。卡特在美國總統任內對援救伊朗人質的行動中，就命令救援行動的指揮官要每個小時報告狀況，後來因為這個命令，救援行動中若損失若干飛機便提早撤回，否則若依行動指揮官之意貫徹行動，損失可能更慘重。韓戰時，杜魯門對麥克阿瑟將軍的作戰行動執行隨時監督，才使得韓戰能以一場有限戰爭收場。另外，在古巴飛彈危機時，甘迺迪曾命令海軍盡量接近古巴海岸，以延長與運送飛彈的蘇聯商船接觸時間；同時也命令海軍船艦不要與蘇聯護航潛艇衝突；又命令海軍可以對蘇聯商船臨檢、搜索，但不得逮捕。這一切都是為了給蘇聯的決策者更多冷靜思考與讓步的時間，同時也避免對蘇聯做無謂的刺激。然而，海軍當局則視軍人的事業在戰場，正做著完全相反的動作，好在甘迺迪總統及時發現與糾正，否則古巴危機的結局絕不會以和平收場。

⊙危機管理應有的認知

1. **妥善運用危機管理小組：**危機管理小組是組織危機控管的智囊團，它是由對危機情況十分了解，並能針對不同個案做出評估的人員所組成，其範圍包括危機發生前的預防、危機爆發時的緊急處理，以及危機結束後的重建與再學習。

2. **建立危機控管資料庫：**現在政府組織已邁入知識型政府範疇，成立危機控管資料庫就是從組織學習中，獲得有效解決危機管理與處理資訊及統合組織資源運用的問題，在組織中，平時即應設立危機控管系統，其內容包括組織內外的危機因素和可用資源，目的在於先行發現危機、管理危機，縱使發生危機，也能就資料庫中尋求解決方案。

「凡事豫則立，不豫則廢」，有充分的準備，危機發生時便能從容不迫，冷靜以對，組織的損害也能減至最低；所以，組織應結合組織學習理論，來從事危機管理體系的規劃與運作，透過組織學習過程教導組織成員進行學習、分享知識並執行創造性的決策，如此才能預期下一個危機、避免下一個危機，更進一步達到管理下一個危機的目的。

第11章 政商風險管理

「不清廉的代價是許多貧窮的地區無法享受基本的水電服務，這些家庭也無暖氣可以讓小孩順利成長。」

——國際透明組織主席拉貝勒（Huguette Labelle）

貪腐與賄賂是違背道德的惡性循環行為，但正如國際透明組織所指出的，對許多商人來說，與政府部門進行交易是一件非常焦躁與高風險的工作，特別是憂慮競爭對手可能使用賄賂的手段時。焦躁的原因是企業無法持續在一段時間內沒有生意。

⊙政商：高度的法律與道德風險

自古商人夾在眾多官員之間本來就有許多無奈。清末著名的紅頂商人胡雪巖，在左宗棠與李鴻章的鬥爭中也難免成了犧牲品，投資白銀千萬兩的絲繭被外國商人聯合抵制而爛在倉庫，錢莊被擠兌而倒閉，他的王國迅速傾頹。他死於一八八五年，得年六十二歲。當浙江巡撫前往抄家時，只見一燈如豆、七尺薄桐棺，連小屋都是租來的。豪宅與胡慶餘堂已被滿清皇親文煜巧取豪奪，「人亡財盡，無產可封」。最後甚至葬於何處都是個謎。

賄賂之意乃是對價關係的利益交換。若是本身意圖交換企業或個人利益，又經檢方發現存在對價關係即構成行賄之罪。或是即使查無立即的對價關係，也可能成立非關職務的賄賂罪。作為現代二十一世紀的企業人不能不有所警惕。

政商關係被認為是共謀利益（Conspiracy），雙方為共通的利益祕密地進行計畫，並協調集體的行動。而構成賄賂與否的關鍵是收賄行為是否構成違背職務，以及其中是否存在對價關係的利益交換。也就是說只要送收錢有「對價」關係，收錢的人就有收賄罪責，另一關鍵是收賄行為是否構成違背職務，如果構成，收錢與送錢企業都有罪責，但如未構成，收錢者有罪，送錢的企業則不罰。

⊙ 管理政商關係的策略

管理變動中的政商關係本來就不是一件容易的事，英國學者詹姆斯．波斯特（James E. Post）提出三個反應概念：事前、事後與互動式反應，其中互動式反應，特別是以蓋醫院學校等公共建設的做法，

階段	採取行動	程序
事前反應	● 不支付任何獻金，除非絕對確定此舉合法。 ● 雖然如此可能造成公司損失，也只能如此。	等待變化，再去適應。
事後反應 遵守法律或試圖改變認知	● 透過政府力量，促使尚未將政治獻金檯面化／合法化的國家，通過類似法案。	試圖對即將發生的變化進行改變，避免組織的運作和策略受到影響。
互動式反應 充分符合當地文化，公開處理獻金請求，避免進行賄賂印象。	● 企業直接以蓋醫院代替支付獻金。 ● 企業直接以贈予設備代替獻金。 ● 非直接款項的利益輸送。	透過系統分析與診斷，掌握可能引起政商關係改變的潛在問題，並找尋解決的對策與方案。

被跨國企業認為能促進當地社會的進步，也使企業得到聲望，而且沒有利益輸送的把柄，十分值得借鏡（見上表）。

⊙沒有穩贏的紅頂商人

看過《霸王別姬》嗎？程蝶衣是小說家筆下的中國京劇第一名角，不管哪個政權來了都要唱戲，程自認忠於自己的表演，能做的反抗很有限，因為時代的轉換被迫站上不同的戲台，也會被敵對的政權批評。

美國聖路易大學教授華迪克（Steven L. Wartick）與匹茲堡大學教授伍德（Donna L. Wood）兩人在《國際企業與社會》中，為企業管理跨國的政商關係與倫理議題提供了評估模式。我們據以套用在賄賂這個議題，並整理出如下表的運用程序供大家參考。

工商界向政界靠攏，恐怕是全世界皆然，其實這也是資本主義的一項缺失。當代思想家詹明信（Frederic Jameson）說：「資本主義乃是人類有史以來所發展出來最好的東西，但它也是最壞的東西。」權力與特權當然是十分迷人的春藥，但是畢竟是藥，不是要永續經營的企業可以長期倚賴的基礎。古今東西都不乏因倚賴政權而頹危傾倒的商業事例。

	效用	權利	正義
分析	所有利害關係人可能因行賄而獲利，但長期的不可預知成本與不確性甚高，且可能因頻率增加而增加法律風險，其不公平競爭將使社會成本增加。	公司可否侵犯個人的尊嚴及價值？ 地主國文化如何看待賄賂事件？ 是否有人的生活及生命受威脅？	能否增進人民平等自由？ 是否社會中每人都有平等機會? 是否有助改善基層生活品質？
判定	行賄無法符合效用標準。	行賄助長貪汙和高壓，有害民眾權利。	既非每項都符合，亦非每項都不符合。
結論	倫理衝突需要清晰的思考和靈活的反應，才能分析複雜的情況。	全球環境中不同的標準和情境使得倫理衝突更加複雜。	倫理不像量化可以用公式解決，甚至連完整的分析模型也不存在。

實用工具

拒絕商業賄賂六步驟方案

國際合作與發展組織、國際透明組織與國際商會組織等非政府組織為打擊商業賄賂行為，以禁止任何直接或間接形式的賄賂，共同制定了《商業反賄賂行為守則》。該守則所指賄賂是指在企業的商業活動中給予任何人或從任何人那裡接受任何禮物、借款、費用、報酬或其它好處，以促使發生那些不誠實、非法或背信的行為。

根據世界銀行二〇〇四年的統計，全球每年賄款的金額超過一兆美元，而部分國家因為對政府公務體系的賄賂而增加公共建設的費用，經常高達一五％以上。

反商業賄賂守則六步驟方案是專門為實施守則開發出來的輔助工具，其執行程序如下頁表。

步驟／措施	負責人	程序	時間
一、制定拒絕賄賂政策與實施方案	企業主／董事會／執行總裁	1.得到董事會與高層的支持。 2.決定實施反賄賂方案。 3.決定公開訊息的範圍。 4.任命高層反賄賂管理人／跨部門小組。	一個月
二、策劃實施	高層反賄賂管理人／跨部門小組	1.明確公司面臨的賄賂具體風險／審查當前運作狀況。 2.審查所有法規。 3.草擬拒絕賄賂政策與反賄賂方案。 4.檢測／推動高階管理參與。	三至六個月
三、制定方案	高層反賄賂管理人／跨部門領導	1.整合拒絕賄賂政策與組織結構。 2.明確各部門執行方案能力。 3.制定詳細實施計畫，包括宣傳、溝通與培訓方案。 4.設立投訴部門與突發事件對應準備方案。	三至六個月
四、實施方案	高層反賄賂管理人／跨部門領導／商業夥伴	1.向內部與外部宣傳反賄賂方案。 2.啟動培訓課程。 3.確保審計、人事、財會和法務部門執行能力。 4.處理突發事件能力／項目審議職責。	一年
五、審核檢查	政風／道德／人事與外部審計	1.定期評議反賄賂機制。 2.從發生案件中總結經驗。 3.動用外部驗證。 4.審查投訴管道與運用狀況。	持續
六、評估方案	企業主／董事會／執行總裁／審計委員會	1.監督查核實際狀況。 2.評估方案成效。 3.提出改善對策。 4.董事會審查與公布方案成效。	至少一年一次

第12章 個人危機管理

「每個人都是探險家。人生一世，你怎麼可能不去打開就擺在你面前的那一扇門？」

——海洋探險家巴拉德（Robert Ballard）

人生確實是一個「發現未被發現」（Discovering the undiscovered）的旅程，而在這個旅程中每每出現起伏與危機，是要有才識、有膽識，也要有所取捨與不凡的修為，才能活出人生的智慧。

個人遭遇危機的事經常發生，不能不把它當一回事。知道或者不知道如何管理個人危機，結果大不相同。不知道如何管理個人危機的人，往往會心煩意亂、手忙腳亂，使得損失慘重。輕者名譽掃地，財產損失；重者破產、停業、失業，身陷囹圄，甚至丟掉性命。

現代個人危機管理之父——心理學家卡普蘭（Gerald Caplan）將個人危機界定為「個體在面臨會危及個人原本狀態或健全性之情境時所處的狀態」。個人危機是每一個人生活中都可能遭遇到的經驗，而心理的狀態是它最好的感應器或體溫計，處在危機中的個人會出現情緒性失衡、社會感失序、認知失調與生理異常的症狀。

⊙個人危機的動態地圖

人的一生除了生、老、病、死的生命周期，還有在每一個階段可能衍生的財務、職涯、事業乃至家庭、婚姻、情感，或是身體及心理的危機。我們借用管理的原則，以六個M來詮釋這個「個人危機的動態地圖」，如下頁表所示。

⊙個人危機徵兆：憂鬱症

危機都有徵兆，個人危機也不例外，這是上蒼讓我們打開生機的一把鑰匙。我們再怎麼忙，都不能輕忽這些能讓你趨吉避凶的前期警訊：覺得心情很差、覺得煩躁、覺得壓力很大、覺得全身很不舒服、覺得自己一無是處、覺得喪失自信心、覺得凡事都會變壞、覺得失去人生樂趣、覺得腦袋一片空白、覺得死掉算了、掉淚哭泣、做惡夢嚇醒、想睡又睡不著、厭食沒胃口、很累、很虛弱、記憶力變差、無法專心做好一件事、做事的效率變差、脾氣變壞、常與人起衝突、頭痛、胸悶、心悸。

憂鬱症與腦神經傳導失調有密切關係。心理學上有很多「個人憂鬱症評量基準」，上網就能輕

危機種類	相關現象
Money 財務危機	企業可能會倒閉，我們可能失去工作，導致個人及家庭的收支出現財務缺口。
Man & Woman 家庭危機 職場危機	隨着焦慮程度加深，人的表現水準會提高。但焦慮程度過高，績效也會下降。當成功機率達50%時，人們成功的動力最大。然而我們的一生中可能失業，也不一定能按時完成任務，有時甚至根本沒有能力完成工作。我們時刻都面臨著工作危機。 另外因工作忙碌、職場壓力大、交際圈子小等外界因素影響，個人情感、家庭生活也會出現失重狀態。
Monitor 警訊危機 管控危機	根據調查，56%的工作者，特別是長期忙碌的女性，無法對自己的興趣、水準、能力、薪資期望、心理承受度等進行全面分析，進而做出準確和理智的職場規劃。 日復一日重複相同的瑣碎事務，會產生一種被掏空的感覺，對於未來感到迷茫無措。
Minute 成長危機	人在職場上，每10年就是一個成長的階段，但前期有升不上去的風險，45歲以後又有中年的就業危機。教育、學識和經歷也有同樣的障礙等著克服。
Mental & Body 健康危機	因職場需要，你的健康受工作環境影響（如被迫接受電腦輻射、長期站立、疏於運動、長期高空飛行），出現身體不適和疾病，造成累積性的體質受損。 長期得不到充分休息與放鬆，缺乏良好的心理調適，外界壓力陡然增大，導致不良情緒和反應障礙，輕則焦躁不安，注意力降低，惶恐緊張；重則反應異常，有引發憂鬱症的可能。
Model 形體危機	個人形體、神態、神情和穿著、裝飾等給人家的印象和感覺，固然沒有統一的標準，但是一定得讓人有明亮、清潔、整齊、樂觀、健康的感覺，更好的是加上一些創新的個人風格。失魂落魄、衣衫不整、滿面風霜是個人形體出現危機的表徵。

易找到。行政院衛生署的統計資料顯示，自我傷害者十有七八都患有憂鬱症。憂鬱症患者的個人危機控管不良，很容易走向偏鋒的自我傷害！心理學者秦安琪在《危機介入》中將危機所導致的個人反應和影響描述如下：

1. **沮喪**：感到絕望無助、失眠和沒胃口、事變可能不斷出現在腦海中，但個人卻拒絕提及和沒動機處理、沒精打采、不願與人接觸等。
2. **焦慮**：畏懼和恐懼、頭痛、胃痛、胸口痛、暈眩、冒汗、呼吸短而急速、食欲不振、失眠、事變不斷出現在腦海，但個人卻不知如何處理、坐立不安、學業或工作表現退步、可能依賴藥物、吸煙或飲酒等。
3. **震驚**：迷惑、無助、驚懼甚至麻木、暈眩、心跳加劇、手腳冰冷、不相信或逃避接受事變。
4. **精神不集中**：眼神呆滯、聽覺遲緩、口齒不清、步履不穩、不願意接受幫助等。
5. **暴力傾向**：憤怒和受傷害、心跳加劇、認為他人或自己不對而引發憤怒的情緒、責怪他人、恐嚇或傷害他人，或者孤立自己、自殘或自殺等。
6. **假適應**：表面上未受危機影響，將悲傷、害怕、內疚、憤怒及／或壓抑受傷害的感覺，以為事變對自己沒有影響，提及事變時每每展現理性的態度，較難與人建立信任的關係等。

他山之石

避「危」握「機」的法則

二〇〇七年，美國有一名單親媽媽抵押了房子，並且向家人借錢，湊足資金成立了一家家庭看護公司。公司一開幕立刻就吸引了三十名病患，公司的未來彷彿充滿了希望。但是半年之後，這名單親媽媽被診斷出患有乳癌，公司的未來立刻成為一個大問號。《EMBA雜誌》二〇〇七年摘自《華爾街日報》的這類故事，再三地在世界的每一個角落發生。

機字的左邊為木，有成長及變動的雙層意義。人的一生應如何在「危」難之中把握「機」會，是很重要的功課。面對個人在職場的危機，有什麼高明的因應之道嗎？香港理工大學應用社會科學系教授鄭鳳萍建議，在個人危機反應上至少須注意以下幾點：

1. 該告知的人一定要告知，不該告知的人則一句不講。在遇到個人危機時，由於職務關係，一定要把真相告訴上司和部下。
2. 要回答的問題先想好答案。
3. 對同事伸出的援手，要坦然接受，同事願意代勞的請其代勞。
4. 面臨個人危機時，工作表現要更好，給人留下特別深刻的印象。

5. 若為了得到別人的同情和安慰而找同事訴苦，公私不分，會給人禁不起風浪的印象，對解決個人危機沒有益處。
6. 危機過去後，一定要對幫助自己度過難關的人表示感謝。遇到個人危機，但處理得好，反而能把它變成轉機。

⊙ 個人危機調適

心理學者艾瑞克森（Erik Erikson）說：「危機不再意味著迫在眉睫的災難，而是生命中一個必要的轉捩點，及發展階段面臨二選一的決定性時刻，它匯集了成長、復原與更進一步分化時所需的資源。」

心理學者保羅德（Parad）對危機介入的定義則為：「在混亂不安時期，一種積極、主動影響心理社會運作的歷程，以減緩具破壞性的壓力事件所帶來的立即衝擊，協助受到危機直接影響的人們，活化其外顯與潛伏的心理能力及社會資源，以便適當地因應壓力事件所造成的結果。」

危機介入的主要目的，是立即或緊急地進行情緒與環境急救，以緩衝壓力事件；以及在因應時期，藉由立即的治療性澄清與引導，增強個人因應與統整的能力。

由於危機的介入使得案主個人的情緒、生理與認知平衡產生破壞，在失去均衡的同時，人們會主動努力，以期他們的生活情緒各方面能逐漸導回正軌。危機的發生更能啟發人們尋求精神上或實質問題上的介入與干預，在整個階段中，人們可能得以調適但也可能適應不良，但是，不可否認，危機的出現也給了人們成長與發展的機會。

個人出現危機不全然是百分之百的壞事，面對無法逆轉的已發生狀況，除了恐慌的情緒之外，更正面的思考方向是如何從危機中獲利，讓你有機會回收部分損失，並且開始修補之前的混亂。下列「個人危機量表」，請你自我檢測。

簡單的個人危機量表

危機種類	問自己的問題
Money 財務危機	‧ 你有多久沒有固定的收入了？你的存款簿裡淨流出有多長的時間了？如果超過半年，你要注意了。 ‧ 你最近常常討厭收到政府的稅單嗎？常常想到花錢就心浮氣躁嗎？這是財務危機的心理徵兆。
Man & Woman 家庭危機 職場危機	‧ 你有多久沒有和家人坐下來喝茶聊天了？ ‧ 你與家人口角與冷戰的次數每周都在發生嗎？氣應該不超過三天，你老氣不過，而且越想越氣，這已經不是常態了。 ‧ 你不想與公司大部分的人見面嗎？甚至已經出現躲避的心理傾向？ ‧ 你是不是覺得很煩，又要去配合公司做一些你不願做的事？
Monitor 警訊危機 管控危機	‧ 你覺得現在的生活了無生趣、老提不起勁嗎？ ‧ 你覺得對未來的生活和工作沒有方向，也失去規劃的能力了嗎？ ‧ 你覺得逃避反而是一種解決方式了嗎？
Minute 成長危機	‧ 你覺得相較於你的同學，你的生活及工作的品質至少不是在後段班嗎？ ‧ 你多久沒有與同事、同學聚會了？你有出現不願參加的躲避傾向嗎？
Mental & Body 健康危機	‧ 你最近是否經常出現異常的生理現象？ ‧ 你覺得最近的體力和心情有明顯的變化嗎？ ‧ 你多久沒有去檢查身體了？超過三年了嗎？
Model 形體危機	‧ 你是否經常聽到好友對你穿著修飾的提醒？ ‧ 你是否覺得別人與你談話時保持的距離越來越遠了？ ‧ 你最近常照鏡子嗎？你覺得自己的眼神、儀態如何？如果那是別人，你會願意與他親近嗎？

第四篇

危機過後

第13章 危機過後的立即應辦事務

「危機過後是復原的開始，災後還有許多工作等待你的回應。」

——危機管理專家巴頓（Laurence Barton）

危機過後，一家公司要恢復過去的品牌聲譽要多久？這是危機管理中非常重要的問題，但常常因為事過境遷，大家又忘記了！沉默是金嗎？保持低調就能輕舟已過萬重山嗎？

羅伯・摩倫（Robert Moran）品牌研究公司合夥人葛瑞格利（James R. Gregory）二〇一四年對財富全球五百大公司發生的十六起著名危機事件進行研究，想知道當危機來臨，該主動回擊還是選擇沉默，等待風暴過去？結果主動回擊略勝一籌，包括：制定完善的計畫、聯絡批評人士，並積極解釋公司採取的修正措施等。

這項研究結果顯示，危機過後，印象和品牌價值的恢復需要一年多的時間，投資者信心的恢復需要近兩年的時間，而企業整體聲譽的恢復則平均需要大約四年的時間。

核心品牌（CoreBrand）監測公司蒐集二十四年商業決策者對五十四個行業、一千多家公司形象的評價，顯示一家公司要重新恢復投資者信心需要平均兩年的時間。相對而言，公司要想讓品牌價值恢復到危機前的水準，一般需要一年多的時間，這對公司來說絕對不是個好消息；因為，兩年表示企業可能從市場消失，就算沒有消失，也鐵定是元氣大傷。

上述研究結果對於危機管理來說，有著三方面的重要意義：

1. **管理預期：**確保公司董事會做好充分心理準備，即公司在消費者、員工、投資者和其它利益方心目中的地位要恢復到危機前的水準，需要漫長的時間跨度。
2. **重建聲譽：**一旦危機相關新聞報導逐漸消退，公司管理層需要從滅火式的思維轉換為重建聲譽的心態。為了縮短危機後聲譽下滑的延續時間，管理層亟待制定聲譽恢復計畫。
3. **穩定員工士氣和隊伍：**危機過後，一些優秀員工往往會決定換工作，除非他們願意耗費兩至四年的時間等待公司情況好轉。因此，在危機後的環境中，公司必須用價值觀、士氣和薪酬等手段留住優秀的員工。

一九九六年，美國德士古公司（Texaco）因高層的種族言論被揭露，而捲入種族歧視訴訟案，一時間轟動美國，使公司陷入危機。德士古公司花了五年時間才完全恢復聲譽，在這個過程中，公司「知名度」的上升伴隨著「市場青睞度」的下降。

另外一個例子是美國國際集團（ＡＩＧ）。二〇〇八年金融危機之際，ＡＩＧ獲得政府提供的破產援助資金，高層卻宣布向公司高階主管發放總額高達十二億美元的年終獎金，一成為媒體和政界攻擊的目標。ＡＩＧ的市場青睞度恢復經過了相當長的時間。

那麼，企業因負面原因提高了「知名度」，是否意味著從此失去了市場的青睞？CoreBrand的問卷調查發現，危機發生時公司「知名度」上升，可能源於新聞媒體對負面消息的大肆報導。Robert Moran的資料顯示，主動回應危機可能會在一段時間內進一步推升公司的「知名度」。因負面原因提高的「知名度」，則可能導致「市場青睞度」的下降。聲譽品質包含的三項核心特徵包括：整體聲譽、管理階層印象及投資潛力。而

美國德士古公司的經驗

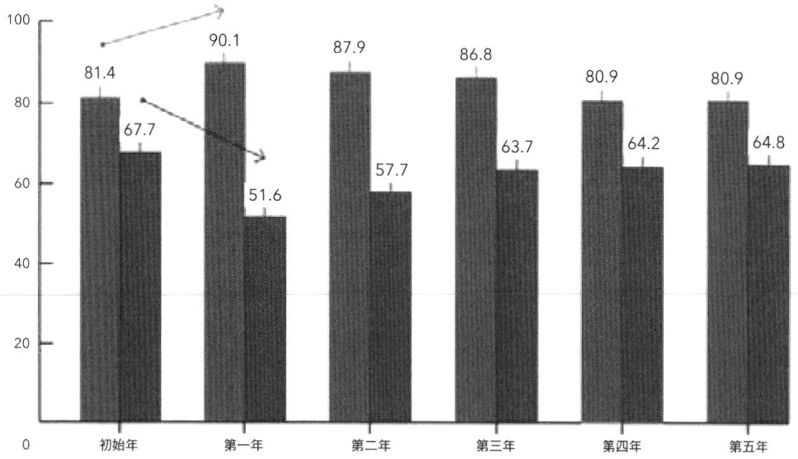

左：企業知名度　右：市場青睞度

美國國際集團的聲譽恢復之路

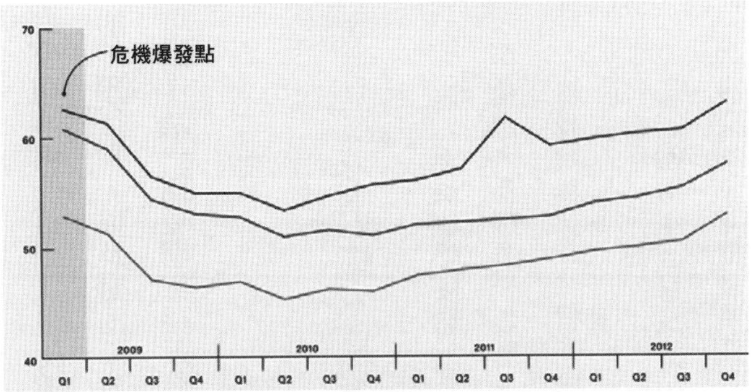

上：整體聲譽　中：管理階層印象　下：投資潛力

聲譽恢復的時間跨度

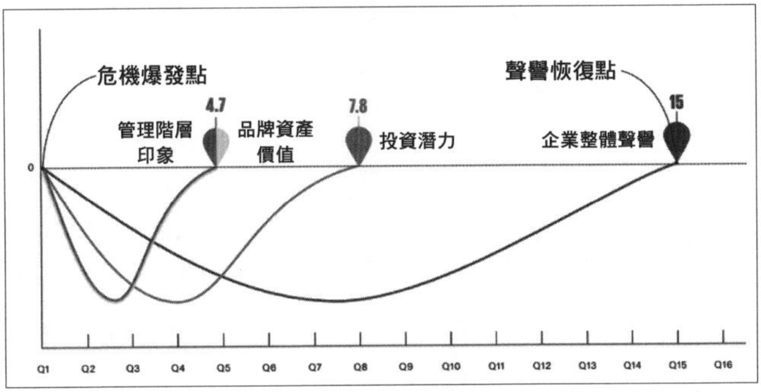

當公司「知名度」上升而「市場青睞度」急劇下降的時候，就表明公司仍處於危機當中。

危機發生時，公眾對機構和企業的信任度可能降至最低點，從「占領華爾街」運動到「銀行匪幫」（bankster）一詞的出現，不難看出現在社會大環境對企業並不友善，因此出包的企業聲譽恢復的時間跨度會長一些。

另外，為什麼低調處理會帶來不利的後果？根據

CoreBrand評估結果，選擇沉默低調公司的品牌價值恢復需要更長時間。採取積極回應策略的公司，在危機發生一年之後即開始修復品牌價值，相較之下，被動迴避的公司品牌依然處於貶值狀態，品牌價值占公司市值的百分比也持續下滑。此外，「低調處理」策略還存在其它潛在不利影響，包括招致政府的干預行動，以及對內部員工士氣產生無形的負面影響。在當下資訊公開透明的時代，沉默迴避或許可以作為一種短期生存策略，但也可能反而對公司品牌產生更大的挑戰。

個案啟示

李焜耀不是王又曾：明基內線交易風暴事件

李焜耀曾經登上《富比士》雜誌全球版封面、美國Business Week列入「電子業名人堂」、目前掌管集團（友達、明基）四千億市值的台灣企業，卻在二〇〇七年五月因為涉嫌內線交易被檢方起訴。

二〇〇七年五月八日，一定會是李焜耀人生旅途中難忘的一天。當天下午桃園地檢署以「內線交易、背信和洗錢」，起訴他與明基總經理李錫華與財務副總游克用等五人。在長達七千字的「九十六年度偵字第六一六五號」起訴書，雖未具體求刑，但立刻在全台投下震撼彈。第二天，主要媒體並紛紛以顯著的標題「李焜耀不是王又曾」、「明基不是力霸」報導此事，驚訝之情溢於言表。

「……三人為鞏固經營利益……將未分配之剩餘股數納為掌控，充當隨己意調用資產，意圖為自己不法之利益……」在第二頁的犯罪事實上，兩位三十幾歲的檢察官胡樹德與翁偉倫，把李焜耀等三人描述成「經濟罪犯」，面對此一起訴的是七年以上的刑責，而他的交保金額也比被控掏空的力霸集團王家成員還高。

檢察官會如此看待李焜耀和明基，源於一家神祕的紙上公司——克萊歐（Creo）。他們提出的爭議有三大關鍵：

1. 人頭戶洗錢：二〇〇二年六月，明基成立「克萊歐投資股份有限公司」，並授權董事長李焜耀、總經理李錫華及財務副總游克用三人為帳戶動支資金簽章權人。

檢方：該公司用途雖名為海外員工帳戶，實際目的是透過人頭戶洗錢。

明基：董事會決定五%到一〇%盈餘為員工股票分紅，且為保留部分股票給海外員工或供延攬人才，因此利用四人頭帳戶將資金流出海外，放在克萊歐公司。

2. 內線交易：二〇〇五年六月，明基宣布收購西門子手機部門，接收四千多名員工，李焜耀決定提高克萊歐的庫存股票；二〇〇五年十月，正式併購西門子手機部門。二〇〇六年一到二月，購併消息未公開前，明基透過人頭戶連續多次賣出股票共六千七百六十九張，將二億二千餘萬元，於二月份分批匯入克萊歐公司存款帳戶。

檢方：趁三月十四日財報公布前，透過旗下四個人頭帳戶賣出股票，交易量大遭證交所電腦系統查出，列為內線交易疑案，展開追查。

明基：賣股動作是為了讓合併西門子後的四千多名海外員工拿到股票分紅，預計在三月買回股票，儲存在克萊歐公司。明基分別於七、八、十六日透過克萊歐買入明基股票共七千張。

3. 護盤、背信：

檢方：明基趁財報公布後股價下滑，利用克萊歐進場護盤，讓股價止跌，並讓克萊歐成為第九大法人股東，意圖鞏固經營權。

明基：非如檢方指稱只在財報公布後買股，之前就已用克萊歐買回股票；克萊歐雖為第九大法人股東，但持股僅〇．九％，根本無法鞏固經營權。

二〇〇七年三月十三日，檢調大規模搜索明基，偵訊七名員工，六人交保，游克用被收押；四月十一日，李焜耀與李錫華到地檢署應訊，晚間各以一千五百萬與一千萬元交保。這是李焜耀與明基捲入內線風暴的引爆點。

常見做法，還是黑心手法？

二〇〇七年五月九日凌晨兩點，夜幕低垂，四周寧靜，一臉疲憊的李焜耀與十餘位員工守在桃園地方法院門口。半小時後，被羈押五十七天的明基資深財務副總經理游克用，從鐵門裡走出來，先抱著妻子，一個接一個，抬頭一望，看到李焜耀，兩人泛著淚光相擁。「辛苦，委屈你了。」李焜耀說。然而對明基與李焜耀更大的挑釁，卻早在這刻的前八小時開始。

李焜耀是念茲在茲為推動國際品牌躍上國際的使命家？還是私心牟利的生意人？他的海外員工紅利分享計畫是為照顧員工？還是為自己口袋？利用人頭戶設紙上公司，是開啟一切爭端的源頭。

「克萊歐的成立，目的在於執行海外員工分紅事宜……」李焜耀在起訴書公布後的三個小時就強力反擊，並指出這是科技界常見做法。起訴書公布前後兩度專訪他的《商業周刊》

副總編輯朱紀中與資深撰述鄭呈皇這樣形容李焜耀——遭檢方起訴，他像受挫的公雞，驕傲卻又不甘地面對來自各界的挑戰。但是面對危機，他發揮他文帥武將兼備、勇於面對的氣勢，親上火線，選擇經媒體向大眾做出直接的陳述。

「的確很多台灣公司利用人頭戶或境外公司，處理海外員工，特別是大陸員工的分紅配股。」眾達國際法律事務所律師張冀明站出來為企業這種做法解釋。許多企業界也路見不平，質疑檢方這個科技界常見的做法，為何到了明基身上就出事？還被當成重案來特別辦理？

明基事件其實有相當部分是出於台灣法令跟不上跨國企業競爭的腳步，更有的是源於政治外交現實的無奈。以海外員工股票分紅為例，「是制度的問題，現在有關員工分紅的法令規定不是很完備。」科技界多持此一看法。另一頭痛的問題是，根據《台灣地區與大陸地區人民關係條例》，大陸員工不能持有台灣公司的股票，也不能信託，除非主管機關同意。但業界去問政府機關，答案都是：「不！」因為《兩岸人民關係條例》橫亙路中，所以企業必須設計繞道而行的捷徑，明基也是循此一途徑。但其後衍生的問題也都出自於此。

「現行法令裡，對於利用名義人（俗稱人頭戶）成立境外公司，用來處理海外員工分紅配股，雖然沒有明文禁止，但也沒有認定合法，這是一個法令三不管的模糊地帶。」博鑫法律事務所主持律師陳錦旋說。

李焜耀當時認定這是業界常態，外加並無違法，就決定成立克萊歐這個在財報上找不到的紙上公司，作為調節分配海外員工分紅配股的「水庫」。於是，二〇〇六年一月二十日起的一個月，指示游克用透過人頭帳戶，賣出共六千七百六十九張股票後，匯款二億二千二百七十萬元到克萊歐公司，為的是三月買進股票、儲存水位，以便發給海外員工。此時，因為處分數量超過六千多張，又碰到非常敏感的賣股時機，因此被檢調盯上。

另一個檢方所謂的時機敏感，指的是三月十四日，當明基宣布二〇〇五年全年財報稅後虧損六十億二千萬元，是成立二十一年以來首度虧損後，證交所的股市監視機制有了反應，發現明基在宣布財報虧損前，有高階經理人「偷跑」大量賣股，因此移請檢調調查。

檢調認定明基是「內線交易」，深入調查，最後發現內線交易背後還隱藏著一個更大的帳戶。當時克萊歐名下已有兩萬張股票，甚至成為明基第九大法人股東，持股比率〇．九%，近五年每年固定進場買入明基股票，而且購買股票資金來自明基旗下員工。檢方不敢大意，步步逼近明基底下隱藏的潘朵拉盒子。

李焜耀解釋，這根本不是內線。二〇〇五年六月，明基不花一毛錢就買入虧損的西門子手機部門後，當時明基對於虧損早有預期，「虧損本來都是預期當中的事，早就知道大量虧損啦！算什麼內線呢？」他面對媒體時激動地說。

錢未進私人口袋，凸顯法令問題

起訴書上載明，三月十四日財報公布後，游克用隨即在十六日以紙上公司克萊歐名義，買回四千二百九十五張股票，「製造該股票活絡表象……使該公司股價終止跌停。」關於這點，李焜耀相當不滿地說：「明明三月七日、八日也有買進股票，證明我們不是因為財報公布後，怕股價下滑才護盤，但檢方這個都不寫！」他將克萊歐即將執行海外員工分紅股票的相關資料給檢察官，但檢察官不予採信。

除了護盤，檢方還質疑李焜耀的做法是為鞏固自己的經營權。李焜耀反駁說：「百分之零點幾就說我『鞏固經營權』，真笑死人，不到一％喔，怎麼鞏固？我若要鞏固個人經營權，發給自己就好了……講一句難聽話，我公司每年撥一大半給我自己可以嗎？沒有人可以挑戰啊！你可以說我不公平，但法律合不合法？合法。」李焜耀告訴《商業周刊》，檢察官以戴墨鏡的眼睛去看整個企業家經營的善意，這是他無法接受的地方。的確，即便在檢方大舉搜索及連番蒐證後，在起訴書上，都未能指出這些錢流進李焜耀口袋。

他山之石

辭職不是危機管理的唯一方式

二〇〇〇年十月三日華爾街日報報導，日前因故回收全球六百五十萬條輪胎的普利斯通（Bridgestone/Firestone）輪胎日本總公司，已放出消息，將要求美國分公司總裁辭職，並大幅更動美國分公司的人事與結構，可能由美國本地人擔負重任。這項更動，被視為總公司要求美國分公司扛起因輪胎脫膠，可能導致一百零一名美國人，以及超過五十位他國人死亡的事件責任，以應付美國國會調查，與不斷下跌的股價。

從危機管理的角度來看，因本身錯誤引發危機事件後，主事者當然必須辭職負責，但是辭職的時機、改革的方案、危機預防與控管制度的建立、和新政策新保證的提出，可能比辭職或更動人事更為重要。

普利斯通事件起源於一年多前一樁車禍事件的調查，該案律師不斷追蹤努力，聯合相似案件律師，迫使法院要求福特與普利斯通提供相關資料，兩大公司仍企圖遮掩，但案件如滾雪球般擴大，申訴者超出美國境外，形成世紀末最大的消費者抗議事件，直至美國國會開始調查，普利斯通才坦承錯誤，在全球回收六百五十萬條問題輪胎，但商譽的損害已無法挽回。

危機管理一般分為預防、處理、舒緩三大階段，以此檢視普利斯通事件，顯然該公司在平日未做好檢測、品管的要求，被工程師牽著鼻子走，才會大量生產一種在特定胎壓與溫度下方能確保安全與不脱膠的輪胎；當危機發生時，心存僥倖，不願面對問題，以「拖」字訣處理危機，使消費者信心蕩然無存。到了舒緩階段，除了追究責任外，最主要的工作應是公開檢討錯誤發生的原因，並且針對原因提出對應方案，甚至對公司整體作業進行體檢，調整品保控管，重建預防檢測機制，這些公開的動作，才能挽回消費者信心。

普利斯通公司並未提出全面性的改革方案與政策，而且一直企圖將損害與責任限制在美國分公司的業務範圍內，就損害管制的觀點也許沒錯，但從挽回信心的角度來看，這些動作顯然不夠！

實用工具

危機時代領導人的條件

日本前內閣總理大臣安全長官佐佐淳行，因負責前美國總統布希、前英國首相柴契爾夫人、前蘇聯領導人戈巴契夫等國際政要訪日安全成效卓著，曾獲英國CBE勳章、美國軍民功勞勳章與德國功勞十字勳章，被譽為日本當代「危機管理」的第一人。他認為危機時代領導人應具備的條件是：

1. 善用突發事件處理體系及熱線對話機制的能力。

人不管做什麼事，信用是非常重要的。危機發生前要能對突發事件的情報有明確的掌握，一旦危機發生，則能經熱線電話交換意見、傳遞情報，對於危機採取協調一致的行動。而作為其中能被信賴的執行者，需要對整體局勢具有宏遠視野及堅定信念，有實現重大方針的戰略思維，不迴避責任的勇氣，善於溝通與執行重大方針的態度和熱情。

2. 勇於走上拳擊場——親自對話與討論。

「遇到質詢就住院」是最差勁的危機對策，勇敢面對危機與理智地和對手練拳的精神才是正途。日本昭和天皇在第二次世界大戰結束後，親自前往盟軍總部，宣布太平洋戰爭的全部責任都在他身上。他這種樹立「積極地承擔分明沒有責任的責任」（語出《麥克阿瑟回憶錄》），贏得許多信任，對美國占領日本後實施的政策產生非常正面的影響。

3. 九十度的道歉。

真正領導者的責任不是一面臨失敗就辭職，而是立功贖罪。高明的道歉會善用最好的TPO（時間、地點、場合）。前蘇聯領導人戈巴契夫從一九八五年主動掌握適當的時間、地點與場合，向曾被蘇聯武力鎮壓的匈牙利、捷克、波蘭等國，展開自我批判式的「九十度道歉」，發揮不花錢卻十分有效的外交戰術，廣受世人稱道。

4. 一分三十秒的責任。

承擔「分擔創造性角色的責任」，一旦危機發生，以最高領導人為中心，立即在3C總部（指揮（command）、控制（control）、通訊（communication）、情報（intelligence））召開跨部門危機對策會議。在國際政要的安全防衛有所謂一分三十秒的緊急警備時間，也就是要能在任何緊急情況下，在此一時間內展開有效的防制打擊行動。

⊙ 啟動災後復原計畫

恢復企業正常營運是危機過後第一要務。處理危機是沒日沒夜的苦差事，當危機解除你可以鬆一口氣，但眼前仍有一大堆事等待著你趕快處理。在明基的案例裡，董事長李焜耀將安撫員工作為其中一項要務，十分正確。其它要緊急處理的事，你得趕緊要求各個部門仍不得鬆懈、限時完成。若是遇到緊急災害事件，建議你即刻啟動「災後復原計畫」，並進行下列危機後處理事項。

1. **審慎評估**。危機結束後應就下列事項進行評估，並依據評估結果修正控管資料庫的內容：危機控管資料庫相關資訊，於危機發生時是否有效提供危機處理參考？危機控管資料傳達過程是否順利妥當？組織現有能力是否足以處理危機？經由危機處理產生的知識，是否轉化為工具並回饋至控管資料庫？

2. **加速復原**。在外部環境方面，當危機發生後應勇於向社會大眾說明發生的原因與處理情形，以誠意獲得社會支持與諒解。就內部環境而言，危機會造成組織結構、內部人員、物資的損害；故決策階層應透過溝通方式，讓組織成員了解組織面臨的困境，獲取成員們的認同，共同加入組織復原工作。

3. **汲取經驗**。在危機爆發後組織除應加速復原工作外，並應從危機事件中汲取經驗，將經驗回饋至危機控管系統，亦即運用PDCA循環概念：檢視危機發生各階段，重新擬定策略（Plan，計畫）；執行行動方案（Do，執行）；監控是否達成目標（Check，檢查）；持續反覆修正到完成目標（Act，反應），以利危機管理活動的再推動。

生產部門

- 精確計算生產線需要多久才能部分或完全恢復？需要花費多少錢？
- 整理相關災害與復原計畫，提交政府相關部門，並與之保持密切溝通。
- 聯繫保險公司，提交受損資料及照片等，協同財務、總務部門進行理賠溝通。
- 確保工廠人員與設備的安全。

財務會計

- 精確算出多少損失？保險項目與理賠金額？
- 預測災害對當季營收的影響？影響可能多久？
- 預期整建復原所需經費是多少？對公司資產負債之影響？
- 進行與貸款銀行、投資人之溝通。

人力資源

- 有多少員工身體受到影響？原因如何？需要如何處理？
- 能否運用內部資訊網路告知員工一切訊息？
- 其它員工之健康、安全及獎懲相關事宜。

資訊部門

- 確定公司資訊系統如何復原？有多少資料受損？影響程度如何？要花費多少？需時多久？
- 建置備選方案。

業務部門

- 預計何時恢復正常交易？有無替代方案？
- 如何與客戶進行會議，討論或告知可行方案？
- 如何處理因之產生的交易延遲等交易糾紛？

工安部門

- 確認此次災害原因，研擬改善對策。
- 加強災害復原之安全管理及預防措施。

公共事務

- 整理媒體報導，分析輿情反應。
- 保持與政府行政部門、利益關係人及新聞媒體的溝通。
- 擬定促進企業形象及修訂危機處理計畫。

法務部門

- 確認與處理災害之相關法律責任。
- 協助提交法律意見，並協助與政府部門溝通

第14章 建立議題與衝突管理機制

每一個人都喜歡從他的立場和觀點來看問題。作為一個領導人，不能僅僅靠本身及組織的立場來看問題，那會陷入「專家的限制」，無法妥善體察外在環境的變動。

「CEO作為企業的領導人，必須主動參與影響企業經營的公共政策的形成。」奇異集團前CEO瓊斯（Reginald Jones）說：「他的時間應該被妥善地分配，不僅放在如何提升企業的經濟表現，也要特別關注消費大眾、投資人、員工與社區的關係等議題。」

金車飲料固然安全地度過了二〇〇八年十月的毒奶風波危機，但嚴格地說，這件危機的成因其實也是企業對於外在議題管理不佳所導致。前面提過的明基內線交易，也是對外在環境（政治、經濟、社會、科技、法律、環境）的變動不夠靈敏。

⊙錯讀議題：危機的起源

議題管理就是對於影響企業經營的外在環境的變動，保持三十六個月左右的前置期追蹤與分析，以做事前的SWOT（機會與威脅、優勢與劣勢）的管理。

公共關係專家契斯（Howard Chase）認為，議題管理也可以說是「形象及聲譽管理」，它的目的在於維繫市場與消費大眾，降低風險，並為企業創造一個社會公民的優良形象。

議題最簡易的辨識是「大眾的注意力」，而之所以成為大眾的注意力，原因在於此一議題的產生，是因為企業的所作所為或現實的情形（實然），與社會大眾的期待及事實的狀況（應然），出現了差異，引起大眾的關切，形

SWOT是議題的重要來源

機會與威脅	意義與影響
政治	政治、外交、施政等政府變動。
經濟	經濟、產業政策與經濟景氣、市場環境等變動對組織的影響與衝擊程度。
社會	社會、家庭、人口、性別平權、生活習慣與收入等變動。
科技	科技政策與製造、服務等技術的變動對組織的影響與衝擊程度。
法律	法律、法規等變動。
環境	環境保護、天然資源等變動。

善得胃的決策過程

初期階段	期望差距時隱時現，逐漸引發爭議，並潛藏著影響。
	美國生產成本為102美元／墨西哥生產成本23美元。 藥商認為藥品必須在某些負擔得起的地區以較高的價格販售，以打平高昂的研發與認證成本，但在實施嚴格控制的國家則以較低價格販售。 利害關係人認為此種價格差異是不道德的敲詐行為。 墨西哥實施藥價控制，但美國沒有。 推展議題的誘因為何？ 媒體與利害關係人對藥品定價、價格控制與進口通關等議題投入更多關注，發現「足夠的證據」讓國會可以召開公聽會或進一步改變公共政策。 可能導火線：北美自由貿易協定／非法輸入／某國挾優勢定價策略搶奪美國市場。
發展階段	問題究竟為何？有何解決方案？ 公共論壇
	有些人將重點擺在墨西哥的價格控制，並主張應廢除此一控制。 有些人將重點擺在企業的藥品研發與認證成本，認為應接受現狀予以調整。 有些人將重點擺在昂貴的美國藥價，認應予透明化或要求管制。 有些人將重點擺在如何有效取得藥品的管道。
解決方案	引發第二導火線。 不同的定義引出不同的解決方式
	澄清，並發展解決方案。 各利害關係人開始合縱連橫，各選邊站。 利害關係人自發性解決方案／改變／妥協／放棄。 政府規定的解決方案。 第三者介入而引發突發事件。
成熟階段	大眾注意力衰退，少數特定利害關係人或Watchdog監控軟體，繼續監看解決方案成效。
	再現／均衡／消失。 解決方案旨在解除墨西哥藥價管制，但造成藥價飛漲，或是墨西哥人無力負擔高昂藥價，致使醫療品質下降。 國家衛生保健形式介入，導致世界衛生組織對議題的新界定。

成了輿論。

從美國政府對善得胃（Zantac）這項藥品的決策過程，可以看出議題改變的歷程與其中的關鍵要素。根據《華爾街日報》的報導，美國的製藥成本大約是墨西哥的四到八倍，善得胃在美國的生產成本為一百零二美元，墨西哥卻不到二十三美元，因此藥廠認為應採價格差異定價策略，在不同的市場以不同的價格銷售，也就是在負得起的地區用較高的價格銷售，以弭平其高昂的研發費用及認證成本，但此舉引起某些利害關係人的抨擊，認為不符社會道德，有敲詐之嫌。

⊙議題管理的程序與重點

議題管理的基本程序，從確認議題、公司立場、計畫擬定到執行方案等，我們以鋁箔包的應用為案例，說明如下頁表。對於議題的管理程序與重點則分四大階段進行：

1. **確認議題的優先性，避免缺乏重點**。議題牽涉多方利益關係者（Stakeholders）之衝突，內外相關組織與參與者也經常派系林立，各有立場，務必將重點放在首要問題上，不致誤用資源與延誤重點議題的處理。
2. **確認議題管理的方法，避免密室決策**。運用單一決策系統（組織內部）或多元決策系統（外部相關），以兼顧決策應有的合法性、正確性與權限範圍。

3. **確保決策品質，重視決策程序與實質。**程序要件上所有相關之利害關係人與參與者都有機會被諮詢或表達意見，進行實質而且有意義的討論與溝通，絕非「文山會海」（公文旅行，議而不決）而且在溝通過程中讓參與者都能夠對討論的議題先有必要之了解，免於各說各話。

4. **確實決策過程，善用廣泛諮詢。**善用跨組織的委員會決議，進行系統諮商；善用政策分析工具，具體呈現議題影響與管理產出成效。美國福特總統的經濟政策委員會即鑑於此，設計生產線式的決策評估標準，設定決策時限。

確認公共政策議題及趨勢	● 環境保護、資源回收與垃圾處理日益成為國家及社會議題，世界亦然。
確立公司對優先議題之立場	● 維持原費率（Mini）。 ● 降低費率（Maxi）。
	● 容器包材可替代性，不能有違經濟之公平競爭。 ● 資源回收是公共議題。
設計公司對議題之執行計畫及其預定達成目標	● 運用公共政策與議題管理，分析此一問題及其形成、決策之關鍵要素及其缺口。 ● 運用經濟、會計原理與調查方法，分析回收不佳的主要原因及其間謬誤。
執行行動計畫	● 分時間、項目、負責人與預算、目標。
追蹤、修正	● 專案小組、定期追蹤、調整對策。

⊙企業社會議題反應類型

企業進行議題管理主要的目的，積極的是為及早掌握議題變動中的契機，消極的是能預防議題變成風險與危機，造成企業的損失。

企業對社會議題的反應類型有下列拒絕、對抗、抵制、適應與提早行動五種，各有其不同的結果，然而，主動及合作態度絕對是最佳的策略。

基本類型	反應型態
拒絕（Rejection）	拒絕對社會議題採取行動責任。 例：全球菸草巨商菲利普莫里斯公司（Philip Morris），雖做了許多協助社區的慈善事宜，但拒絕終止生活型態的菸草廣告和結束在低度發展國家的行銷。
對抗（Adversary）	力爭避免承擔社會責任。 例：普利斯通輪胎（Firestone）拒絕召回易肇事輪胎。
抵制（Resistance）	企業拖延需要承擔的社會責任。 例：PETA動物關愛協會曾要求艾克森美孚石油廠在煙囪加蓋，以防飛鳥受害，但未受重視直到遭致抵制。
適應（Accommodation）	自願承擔，不反對也不強烈抑制社會責任。 例：可口可樂自願從事增進與少數民族的關係。
提前行動（Action）	在壓力出現前就採取改善的行動。 例：Patagonia服飾使用有機棉花，只從氣候溫和地區採購羊毛，並自動降低三〇%的產量。

實用工具

九十度的鞠躬：金車毒奶事件

二〇〇七年十二月，中國石家莊市三鹿集團連續接到消費者申訴，嬰兒飲用三鹿牌奶粉後出現急症，迄二〇〇八年九月十一日上海《東方早報》指名毒奶粉製造者是三鹿集團，當晚該集團承認有七百噸毒奶粉流出市面。九月十三日（週六）晚間，金車董事長李添財看到新聞報導三鹿相關的咖啡飲料有遭受汙染之嫌，懷疑自己產品伯朗咖啡有三聚氰胺問題。假日過後的週一早上，金車辦公室接到消費者詢問電話，質問伯朗咖啡是否含有三聚氰胺？李董事長為此親自召開主管會議並指示產品先送檢驗。九月十八日財團法人食品工業研究所化驗呈陽性反應，最後確認共有七項三合一咖啡及雞蓉玉米濃湯含有三聚氰胺（該公司有一批植物性奶精粉購自山東都慶公司）。

李添財指示「預算無上限」處理可能發生的巨大危機或消費者抵制等衝突，總經理李玉鼎立即啟動危機管理機制，並宣布急速採取下列五大措施：

1. 金車公司在三日內回收全台經銷商九成產品。
2. 重新設計新包裝及新標示，並在最短時間內上架。
3. 向衛生署報告並與衛生署於九月二十一日下午三時召開聯合記者會，誠實面對消費者尋求諒解。

4. 主動通知電視及其它媒體出席記者會，邀請記者到平鎮工廠實地參訪、拍攝，並配合當地衛生局封存一萬兩千箱三合一咖啡。

5. 通知消費者，購買此八項商品皆可至原購地點辦理退貨。

金車公司上述模仿嬌生處理泰諾事件的做法，特別是李董事長親上火線的態度，有效贏回消費大眾的信心及新聞媒體的肯定，迅速化解金車成立以來最大的危機。

社會大眾一開始對於金車涉入中國毒奶事件，紛紛表示不可思議，因為金車平常舉辦很多社會公益活動，也熱心環境保護、健康運動等事宜，是大家公認的符合社會責任（CSR）的企業。分析金車捲入的原因，顯然是企業內部對公共議題的管理仍有漏洞。中國毒奶粉事件在事發一年之前就有徵兆，美國衛生單位也有類似食品安全報告，金車未能查覺的確有疏失，另外公司過分偏重價格競爭，以致忽略了低價原料可能潛藏的安全風險也是原因。反觀統一與黑松因未進口使用中國原料而安然無事，其營運政策應有值得學習之處。

實用工具

如何道歉才是「真道歉」？

伊利諾大學法學教授羅伯奈特（Jennifer K. Robbennolt）說，誠心的道歉可以減少一半的官司。但沒有是非曲直，不問法律和賠償責任的道歉，不是「真道歉」。每次出現食安風暴，紛紛出現官員和廠商「假道歉」的畫面，普遍無法獲得社會大眾的認同。

道歉的文化內涵是人類文明程度的一種體現。但是，它真正的意義不僅僅是「犯錯者」對於「受害者」說一聲對不起，或者站起來鞠個躬那樣地簡單，也不只是為犯錯者從歉疚的緊張情緒中獲得一時的解脫，而是犯錯者為自己的錯真正地認錯，並且希望透過公開道歉的過程，取得社會大眾的諒解及法律的減低刑責或赦免。

美國學者高夫曼（Erving Goffman）為道歉增訂了一個附加標準，作為道歉真假的依據。他提出的「真道歉」方程式是：一、解釋自己做錯了什麼；二、表示羞愧、內疚；三、承諾不再重犯；四、承諾給受害者相應的補償。

道歉的真正價值是，它不僅僅是一種單向或單方面的行為，更經常是一個人們雙方對話和多方共同協商的公共場域。公共政策是政府和民眾角逐現存公共秩序和參與權利的工具。但是，無論是政府和民眾，卻經常在犯錯者道歉的過程中，忘記了共同關注一系列正在發生的公共事務，並決定如何解決問題所帶來的結果，才是接受道歉的核心價值。

總而言之，道歉（Apology）和抱歉（Sorry）雖屬同一文化領域，但絕對屬於不同的公共和法律層次，它不能只有口惠而實不至，心感歉疚卻不究責也不補償。我們一定要趕緊建立兼顧道德和法制的真道歉標準，不然類似食安這樣有害大眾生命及財產安全的事件仍將層出不窮。

他山之石

「滅頂」行動：頂新魏家食安風暴

頂新魏家是兩岸最大的食品廠商，他們兄弟聯手竄起的成功經驗廣受傳頌，譽為傳奇，政府及各公益團體也給予很高的尊崇；但是，二〇一四年起的黑心油品事件，讓這個好不容易建立起來的食品王國美譽幾乎毀於一旦。

頂新集團於二〇一四年連環爆出黑心食品事件，徹底惹怒全體民眾，幾成全民公敵，政府、社會和企業發起「不買、不用、不吃」頂新產品的「滅頂行動」，抵制頂新集團任何相關產品。頂新旗下包括味全受到「滅頂」事件影響，主力商品林鳳營、貝納頌、每日C果汁全部受到波及，營運出現年虧十二億元的紀錄，股價更是跌停鎖死。

鮭魚返鄉？網友細數頂新魏家舊帳

頂新是食品大廠，原有相當的社會形象；但二〇〇八年起的一連串重大食安事件，它都名列其中，令人大失所望。頂新黑心豬油事件發生後，頂新集團食品安全與政治的懶人包，在各種大大小小的社群網路發酵。社會大眾紛紛質疑「頂新」這個頂著鮭魚返鄉光環的集團，到底帶給台灣什麼？

1. 二〇〇八年起，頂新製油屏東廠以低價向大統長基公司買劣質橄欖油，爆發「銅葉綠素」黑心油事件。
2. 二〇一一年起，從香港進口食用豬油的強冠、頂新跟頂新正義所進的香港食用豬油，都是地溝油。
3. 二〇一二年起，衛福部證實頂新製油公司從越南進口飼料油，精煉加工後轉作食用豬油，連續三年。

頂新食油風暴的高潮發生在二〇一五年十一月二十七日。彰化地方法院以「證據不足、沒有具體證據」，一審宣判，包括被檢方具體求刑三十年的前頂新製油董事長魏應充等六人，均獲判無罪。檢方深表訝異與遺憾，表示將提出上訴，社會大眾一片譁然，不只食安問題，連帶質疑國民黨干涉司法的話題也再度燃燒。

員工沉痛：味全非頂新，不該拿我們當祭旗！

味全多次強調，味全不等於頂新，希望民眾理性看待，但有網友爆料，味全的董監事名單中，幾乎都是康發投資、康勝投資、頂安公司等頂新相關企業指派的法人代表，認為頂新退出味全都是假的。味全總經理蘇守斌多次親上火線，並且發公開信呼籲滅頂不要滅味。聲明稿主要內容如下：

此時此刻，我以沉重但堅定的心情，寫下這封公開信；既要感謝與我們並肩站在一起、承受著各種壓力的朋友與夥伴們；更要再三懇求社會大眾聽一聽來自味全的聲音。

舉凡消費者將林鳳營鮮乳退貨、銷毀，或是在賣場辱罵第一線促銷人員，並將試飲產品直接傾倒在桌上；這些外界把對頂新的怒火發洩在味全以及味全員工身上，我們只能概括承受。即使我們做了再多的澄清、也以業界最高的標準精進產品，仍然阻止不了那些因不滿、誤解而產生的攻擊。味全三千多位員工的心情跟我一樣，無比沉重。

以身為在台灣立足六十二年的味全公司的一分子，藉此機會告訴大家：味全，是為消費者而生，就像我們耳熟能詳的那首廣告歌曲，味全、味全，大家的味全。味全公司的股東固於上市公司股票買賣交易而迭有更替，但屬於台灣的味全品牌信念卻不該因此被扼殺、斷送。

正因為味全是為消費者而生，我們自應以更謙卑的態度、更深沉的自省，對這段期間所浪費的社會成本、所造成的不安誤解，持續檢討改進。身為食品大廠的我們，有義務以業界最高標準自我要求，以誠信寬廣的心擁抱消費者，並肩負起更大的社會責任，做出有意義的行動。這不僅是我們對自己的惕勵，也是我們對消費大眾的承諾。

於此，再次重申，味全是一家公開上市公司，現在則是由專業經理人負責管理與決策，向消費者、員工及全體股東負責。頂新是味全的股東，持有四〇％的股份，這是當下無法推翻的事實；但味全還有六〇％的股份屬於數萬名投資大眾，更也關係到三千多位員工與他們的家庭，以及一直與我們共榮共生的酪農、供應商和合作夥伴等，當然也有許多對味全不離不棄的消費者，同樣地都在這場風雨中飽受煎熬。

我知道短時間內這些批評、誤解與攻擊或許無法平息，但請相信我們味全的每一位同仁都將沉澱自己，將所有的批評指教化為進步的動力，致力提升食安工作，持續建構起更完整的食安系統；一定回歸食品本質，紮紮實實地做好每一步，做出讓大家吃得安全、安心的食品，重新爭取消費大眾的認同。就像我一再強調的，改善食安不只是味全今天的工作，更是每一個味全人一輩子責無旁貸的使命。

因為，我們是大家的味全！

鄭守斌的溫情喊話，以及其後親上火線，接受網友提問，一再呼籲大家冷靜，大股東是大股東，味全是味全，並再三強調，林鳳營非化工奶，如果網友舉證屬實為化工奶，他就給一億獎金！也歡迎大眾用力鞭策，拿放大鏡來監督他們。「請相信我們，請給我機會！」然而，根據市場營運、股價和媒體反應，顯然並未充分止血。

頂新風暴的危機演變與評析

事件演變	危機評析
二〇一三年十一月台灣食用油油品事件 魏應充被底下味全員工指控，指示以成本優先考量改變油品配方，後以一千萬元交保。他認為是自己善事做得不夠多，才要受到這樣的懲罰。	危機的動態複雜涉及時間、空間、系統和人的多重因素。 此時頂新魏家對此一事件，應徹底、虛心而且細心地檢測，在時間面檢討類似缺失是否經常性地發生，空間面則應檢討企業文化及職業倫理是否因過度追求利潤而受扭曲。
二〇一四年台灣劣質油品事件 正義飼料油爆發問題，魏應充再度向社會大眾道歉，請辭味全董事長、頂新製油董事長、正義油品董事長等董事職務，關閉旗下油廠。 大哥魏應州特地從大陸飛回來，責怪三位弟弟炫富太過高調。 證嚴法師曾與魏應充多次入災區，因此事與認知有太大落差，感到悲痛。 民進黨諸公質疑有執政黨當靠山，要求盡快收押。	系統和人是頂新魏家在此一階段產生的危機問題。 系統涉及組織治理、功能和運作。此時符合危機處理的公司治理上策並非請辭，而係董事會主動要求魏應充辭職，至少上市的味全公司應如此處置，才能符合社會觀感和期待。 國民黨對在野黨對魏家政官關係的質疑，沒有清楚而且確切的說明，加上其後魏家私人飛機曾經返台一日後飛往中國，引起社會大眾更多湮滅不當政治捐贈證據的猜疑，導致在九合一及總統立委兩次重大選舉的挫敗。 味全此時將對頂新提起法律訴訟，以確保股東權益，也贏得社會公私分明的認同。

事件演變	危機評析
同年十月十七日 魏應充因涉嫌長期自越南進口劣質飼料油產製食用油販賣大賺黑心財，涉及刑法詐欺取財罪、食品衛生法，彰化地檢署聲請羈押，彰化地方法院裁定羈押禁見於彰化看守所，被批評早將父親教導的誠信及童叟無欺置之腦後。 魏應充在檢察官偵訊時矢口否認犯罪，辯稱對油不內行及董事長不管事，直至檢方提出關鍵性證據：由魏應充主持進口飼料油的查廠會議紀錄及魏應充簽核的公文，始啞口無言。	危機事件的處理中，固然法律是一條必須考量的中線，但是不能因為訴訟考量，而完全輕忽社會觀感和道德價值。 特別是，誠信是危機溝通的必要內容、品質和價值。律師經常在訴訟案件中告知的信條：少請、慢講，為了無罪，甚而不講。這在危機處理中經常反而是致命條款。
同年十月三十日 魏應充頂新集團所涉劣質食用油案。彰化地檢署以頂新製油前董事長魏應充涉犯數十項詐欺，將他起訴並具體求刑三十年。	三十年刑期是台灣食安事件是最重的量刑，當然不能輕忽它對家族、企業、政黨和社會的後續衝擊。可惜，相關人士都輕忽了。
同年十一月十八日 立法院三讀修正通過《食品安全衛生管理法》部分條文修正案，包括舉證責任自消費者移轉至廠商、一定規模以上的廠商需設立實驗室等等，此法案修改拖延多年卻因為此事完成修法。	此一事件在此一階段對於食品業者和政府而言，等於是議題管理。 食品業者要嚴密重視此一修法的相關內容變動，它可能對營運所造成的重大影響。政府機構要留意國會和民意的態度及反應，以及法令的可行度和有效度。

事件演變	危機評析
同年十一月二十八日 頂新集團將提撥三十億元成立食安基金，二董魏應交與三董魏應充邀潤泰集團總裁尹衍樑擔任食品安全革新委員會臨時召集人。	單純就捐贈行為而言，算是社會公益活動；然而，此事涉及食安事件之道歉違失，要有更誠懇的態度和行為來支持，才能得到社會明確的認同，否則會淪為買賣交易。
二〇一五年一月二十八日清晨 魏應充以新台幣一億元交保、限制住居，並須每日向其住居轄區派出所報到。	社會、媒體及民意反應，可能左右交保裁定。
同年二月二日 台中高分院中午裁定撤銷其交保裁定，發回彰化地院重新審理。二月四日彰化地院召開羈押庭，法官認為魏應充無逃亡及滅證串供意圖，將交保金提高至三億元交保。二月十日彰化地院再次以有逃亡之虞但不至於羈押，讓魏應充以原三億元交保。	最高交保裁定，危機升高

事件演變	危機評析
同年二月十一日 台北地方法院審理味全食品公司使用大統長基摻假油品，以低價棕櫚油調合油品案，魏應充在庭訊中仍拒絕認罪，堅稱自己沒負責頂新公司的採購、品保，推稱這些都由公司的專業經理人依公司授權辦法分層負責管理，下屬也不會向他報告，因此他在案件爆發前，都不知道頂新在越南購買的原料油品質。而且頂新在越南購買的油「可供人食用」，他相信法官會還他「清白」。	頂新魏家司法策略，因對價值、目標及結果各有不同設定，容有討論空間。 但是，此時味全公司如果不能先做前景推估及危機預防，絕對是危機管理的失策。 因為，法院的判決所採的前段原料和後端成品切割的觀點，不符食品產官學認知，留下的不同見解也是未來爭議的伏筆。
同年五月二十七日 彰化地方法院吳永梁審判長將全案定調，指出「本案檢察官起訴的事實，是『頂新向越南大幸福購買越南家庭熬油業者的油脂後，加以精煉後，以食用油販售』的行為」，並強調頂新油案沒有媒體和名嘴所說的地溝油、回收油、餿水油等廢棄油脂相關情節、事證，合議庭不會隨之起舞；媒體應本於事實、良知公正報導，法官亦會根據法律原則，憑藉既有證據做出判決。	法官判決之兩理由，對危機管理而言，其實並不完全相關及互動。 此時如用系統動力學的系統思考來分析，不難發現爭議的敏感和衝突點在於原料和精煉行為是否合法，媒體使用圖片是否屬實，並非危機重點。

事件演變	危機評析
同年十一月二十七日 頂新案魏應充與被告一審皆獲判無罪。台北市長柯文哲對此表示，這是總統大選目前為止最大的催票行為。	引發全民更大抵制頂新及其所有關係企業的拒買行動。 味全股價重挫，總經理出面說明，但無法引起充分認同。
同年十一月二十八日 網友「秒買秒退」，全民再掀拒買頂新活動。 味全總經理魏守斌親上火線，柔情喊話，呼籲莫把味全當祭旗	味全如果能在危機事件之初即立刻採取：一、董事會主動要求魏家辭去董事長職務；二、對頂新採取適當法律保護權益行動；三、道歉行動中承諾過失並對消費者補償，不只能降低社會拒買意願，也能及時贏得社會的同情。

第五篇

實務演練

第15章 危機四十八小時：如何立即進入狀況，解除危機？

危機處理有所謂的黃金七十二小時，那是指人命關天的危機事件，因為人的存活機率在七十二小時之內最大。各種危機有不同的黃金時間，但四十八小時是一共同的關鍵。

⊙演練背景

某天清晨，你尚在半醒半夢之間，某家石化集團的張董事長突然緊急打電話來，匆匆地說旗下南部的一間生產化纖上游原料的工廠，昨天上午因為台電無預期的停電，工廠採取了管線解壓措施，以防工廠爆炸，結果粉塵外洩，傍晚飄落方圓二公里之內的民宅。附近居民約四、五十人昨晚就已集結在工廠外，由鎮長與鎮民代表向廠方表示抗議。他們並表示今天下午五點將通知地方新聞媒體進廠採訪，也要求損害賠償，若無取得善意回應，不排除召集附近居民數千人圍廠抗爭，甚至北上台北向環保署及經濟部訴求遷廠。

你是一位危機處理專家，你的第一個反應是：「這是中油或許多石油化學氣體外洩的翻版嗎？」這位張董事長說他們已經緊急成立危機處理小組，請你務必在早上十一點參加第一次危機會議。你讚美成立危機小組是正確的決定，但提醒他一定要把財務、法務、業務、廠務、工安與公共事務部門的主管納入成員，而且要外聘一位熟悉環保法律的當地律師與附近大學的化工教授參加。他接受了你的建議。

你立即電告你公司政策諮詢部門及危機處理部門主管，立即要求蒐集與分析此一危機事件的關鍵原因，並調出公司存檔中有關台灣石化環境汙染案件的資料，而且在早上八點半前要按照公司危險處理過程及行動模式，準時在九點與你進行本案的「危機評析及行動對策」會議。你也飛快趕至公司，準備此一危機事件的因應方案。

⊙ 實境演練

10:50 AM　帶著危機處理計畫，進入董事長辦公室。

你提早十分鐘進入張董事長辦公室，用兩張根據「危機議題管理與決策過程」所做的「事件相關及演變流程」圖示，向張董說明，根據你截至目前為止取得的資料，以及與政府相關決策官員電話溝通所取得的資訊，當地政府與民間最為關心的事情為：

- 粉塵外洩原因與何時外洩。
- 目前處理結果及預定處理事項。
- 粉塵有無毒素及鄰損賠償問題。
- 如何預防此類事件再度發生。

對於此次事件的處理，皆可參照環保署過去類似事件之標準，無需過慮，唯因上市公司的身分，政府相關部門，包括：環保署、財政部、金管會、經濟部及地方政府一定會十分關切，應盡速先向他們去函簡要說明原委及處理計畫，並表示負責的立場與態度，也請政府放心並給予應有協助。

張董事長告訴你此次粉塵外洩實因台電突然斷電所致，但公司對鄰損事件一定負責給予有例可循的合理賠償。他希望此次事故能盡早落幕，免得股價受到衝擊，而對於事故原因也期待能清楚真相，社區關係可不致受損。

此時公共事務部主管進入張董辦公室，告知早報記者已經等著採訪，另外十餘家媒體也要求在下午五點前給予新聞說明稿件，而股價至今仍在跌停。

危機議題管理與決策過程

過程	主要內容	目的
現在的核心問題在哪裡？ 界定議題核心與對外溝通問題	● 問題陳述 ● 核心議題 政治、社會與各界期望與差異分析。 ● 形勢分析 輿情分析：新聞報導、網路資訊等相關輿情研析。 政策分析：主要政經社會團體意見反映、抽樣調查與初步探索。	經過系統性及非正式的意見探索、調查與專業性分析，提案說明其對組織的可能影響、議題可能的演變、初步可行方案與可能結果預測。
決策Review	● 管理期望 ● 戰略思維 以總體目標思維，策略評估決策階段需求、想法與組織目標。	清楚明瞭最高決策階層的想法與期待。
制定行動計畫	● 行動計畫 任務陳述、界定目標、起草方案。	確認可行方向、預期目標與資源配置。
確認行動方案	● 行動方案 行動項目、主要工作、執行負責、預算財務、效益評估與追蹤管控。	五M〔人（Men）、錢（Money）、檢討追蹤（Monitor）、修正（Measure）、時程規劃（Minute）〕。
實施計畫 採取行動	● 推動整體溝通計畫與方案 政策溝通、媒體溝通、整合行銷。	按目標需求，選擇執行全部或部分方案。

你建議張董及公共事務主管，因晚報有截稿時間限制，應在十一點開會之前就接受晚報採訪，並明確說明：

1. 公司表明負責之立場，向鄰近社區居民致歉。
2. 粉塵及火災事故原因為台電斷電而採生產管線解壓所致。
3. 處理現況，工廠災害已完全在控制之中。
4. 初估損害金額約新台幣六千萬元，預計一週內即可復工。
5. 以上事實已向政府相關部門說明，且在下午三點將在交易所進行重大訊息說明會，向外界做進一步說明。

你並建議，公共事務部將此一重點說明立即整理成新聞稿，並在十二點之前先行發送給電子網路及新聞媒體的證券線記者。你指示負責新聞處理的同仁，協同該公司公共事務人員即刻電話聯絡各媒體記者，告知新聞發送及下午的重大訊息說明會。

你提供「新聞結構與記者會陳述方式」，並要求你的媒體部門主管會同該公司公共事務人員，準備下列重大訊息說明會資料，並在十二點半以前呈核。

11:00 AM 立即先發消息，並函知交易所舉行重大訊息說明會。

張董與你進入會議現場，大家仍在議論紛紛，負責工廠廠務的經理一臉疲憊，他首先告訴張董，地方民代已經介入，居民似乎已受鼓動，並提出六千萬元的鄰損索賠。工務經理進一步說明，事故原因已經明確是斷電所致，且有紀錄可資證明，也向地方民代說明，唯似乎非其關切重點。而粉塵是否有害人體，已請某國立大學化工所長調出科學資料，證明除非在一定時間內吸收多少，才會對人體健康造成傷害，而當天粉塵飄落至每一民宅量不足二五〇公克，無健康損害問題。

公司林總經理為技術背景出身，一直強調工廠事故非生產及管理不當所致，粉塵飄落量亦無達有損人體標準，更令他難以接受的是，農民也提出農作物損害賠償，但這些粉塵一經下雨就可沖落，完全沒有損害問題。

張董打斷林總發言，問他工廠受損金額到底是多少？粉塵飄散範圍與民宅分布情況如何。又問公共事務部主管，目前政府及媒體關切的重點是什麼？應該如何處理與在什麼時間前處理？

張董轉向你，介紹你的背景也說明請你協助的原因。他借用該會議室的投影設備，用流程與圖表重覆向在場人士簡報你早先向張董說明的重點內容，強調當前政府、社區及媒體關切的問題重點，而此一報告及溝通，公共事務部都將在十二點之前分別完成，至於賠償等爭議，一切依照環保署相關事故處理標準，問題應可解決，也向在場人士說明，你提議的整體執行方案、預定完成時間、計畫達成目標及各部門分工負責事項。你也建議總管理處應立即與保險公司及地方消防單位進行損害認定及理賠事宜。財務部也要向往來銀行說明損害及對於公司營運、財務的影響，並承諾將拜訪說明。

張董明確說明公司處理此一事故的立場、原則及底線，要求財務部、工務部與管理處會同，向保險公司進行理賠事宜。公共事務部應每天定時在上午八點與下午五點向張董及危機處理小組進行現況報告及輿情分析，並請你擔任外部首席顧問，負責協助

新聞結構與記者會陳述方式

結構	主要內容	陳述說明
整體結構	● 主題明確 ● 倒金字塔結構（先結論後說明）	明確簡要。 明確的問題及對策。
標題（大標）	● 主題訊息 ● 等於公文的主旨	暖場──起始印象讓人一目了然。
開頭	● 陳述主要行動對策	負責、承諾。
第一段	● 解釋說明	等於公文的說明。
第二段	● 演繹說明	
第三段	● 歸納說明	
結尾（現場說明）	● 重點說明 ● 重申立場、理念、對策	重申承諾、立場、對策即時印象。
附註	● 記者會全程應在三十分鐘內完成 ● 說明部分在二十分鐘內結束 ● 保留適當的Q&A	

整體危機事件的處理，特別是要借助你與中央政府和民代的互動關係及溝通專業，不要造成對公司的誤解，也爭取他們合法、合理的支持。

11:50 AM 接獲工廠電告，下午可能遭數百人圍廠。

此時工廠陳副總經理報告，工廠剛才來電告知，鎮長及五、六位附近養雞民眾拿著死雞到現場抗議索賠；另外一位有黑道背景的人士電告，預定率領數百民眾下午至工廠進行圍廠抗議。

張董詢問你的意見，你建議你與公共事務部主管分頭先妥善處理兩件事。第一是由張董、陳副總、公共事務部及工安負責下午三點的重大訊息說明。公司林總、廠務與你則負責南部工廠的危機處理事宜，並將即刻搭高鐵南下，在車上再進行會商，並隨時報告台北總部。

在高鐵車上，你拿出「政策溝通與陳述分析」，說明行政、立法部門可能有的關切、發展及結果。重點則是工廠與附近民眾的爭議要能妥善解決，不能讓爭議擴大或拖久，不然公司的股價及營運都會受到不利的衝擊。林總十分憂心民眾獅子大開口，而且當地政治生態也似乎常趁火打劫。你向他說明，危機一旦發生，對方等於占了優勢，談判時不能讓大家誤以為可予取予求，但也不能讓他們放棄溝通的機會。地方政府及士紳的態度十分重要，一定要爭取他們的諒解及支持。

政策溝通與陳述分析

過程	主要內容	目的
政府決策與其關切議題分析	● 行政部門 了解行政決策關鍵人士行為模式、決策過程，與對於議題關切的重點及立場態度。 ● 立法部門（地方民代） 了解特定立法委員、黨團的立場態度與其關切重點。	精確掌握決策動態與關鍵人物立場。
研議溝通對策	● 直接、間接 企業、公會、協會、政府、非政府組織。 ● 公開、私誼 座談、公聽、拜訪、說帖。 ● 媒體、非媒體	選擇最適與最佳的溝通管道及方法。
可行方案與評估預期效益	● 接受 有或無條件、有或無前提。 ● 不接受 可能百分比。 ● 後續可能反應	預測最佳與最差狀況，及可能的演變。
制定與執行溝通計畫	● 對行政部門 ● 對立法部門 ● 對新聞媒體 ● 對民間團體（社區、NGO） ● 對交易對象	確定溝通對象、內容、時程與負責人。
追蹤檢討修正		確認專案執行效益。

15:00 PM 抵達工廠，外圍已有民眾搭帳篷及樹立大字報。

你與林總一行回到工廠時，門口被倒了一堆混凝土，阻止貨車的正常進出，沿著圍牆底下已搭有七座帳篷，上面寫有抗議工廠粉塵外洩的大字報。下午三點，南部的太陽熱得人睜不開眼，抗議的民眾十餘人見林總回來，立即上前表示抗議，並說石化原料的粉塵飄落他們的餐桌，一定有毒，他們要對公司提出告訴。

林總一行人進入工廠後立即召集廠務、工務及工安進行會議，了解事情的發展及問題的重點。廠務副理說，縣長及縣環保局長都有來電關切處理的情況，已經將台北總公司上午的說明稿轉成函件送至縣府。鎮長上午也有到工廠，很不滿意工廠至今沒有對損害事宜給予明確的表示。

你向在場人士說明上午台北會議重點及決議的執行方案，並建議應趕快爭取鎮長及鎮民代表主席召開協調會議，讓雙方爭議有一正常的溝通管道，免得事態的發展無法控制。同時建議，廠務經理應立即拜會鎮長、鎮代主席，請他們參加晚上八點在工廠舉行的協調會，同時向廠外民眾傳達溝通善意，並致送茶水。在場有些人員表示送茶水萬萬不可，南部太陽大，曬一曬，民眾受不了，說不定就自動回家了。你說：「帳篷搭了，便是面子問題，而且留在現場的不是主力人士，不然剛才一行人就沒那麼容易進門了。」林總接受送茶水建議，並同意晚上八點舉行協調會。

你向在場人員說明今晚協調會議重點、溝通重點及進行方式，而且需求各部門提供的補充演

媒體溝通與新聞製作

過程	主要內容	目的
輿情與議題重點分析	● 提報 ● 分析 ● 研判	確認核心議題與媒體關切重點及可能立場。
決策Review 1	● 管理期望 ● 戰略思維	確認組織期望、主要目標與預定資源。
提出媒體溝通計畫與新聞傳播重點	● 新聞稿件 ● 說明重點 ● 傳播方式	確認書面新聞陳述重點與傳播作業方式。
決策Review 2	● 審議稿件	確認稿件內容與管理目標期望契合。
	● 預期效益	預估媒體報導正面百分比。
決策Review3	● 反向思考 ● 負面評估 ● Q&A演練 ● 審定稿件	預估可能負面報導。 掌握效果。
採取行動	● 現場作業 ● 媒體邀請 ● 稿件製作	完善新聞效果。

料，希望在六點時進行會前會，確認最後的溝通程序與內容。

地方媒體五位記者至工廠，要求林總接受採訪。林總面有難色，你告訴他來的都不是電子媒體，談話不必分秒必爭，有較大說明空間，而且你立刻按照「媒體溝通與新聞製作」原則，摘錄早上台北發布的訊息，加上下午在工廠會議的重點，寫成一則新聞稿，請他遵照說明即可，至於現場詢問，你會協同處理。

你同時提醒林總及廠務

經理晚上應請地方警察支援，負責維持治安。工廠部門主管及副主管今晚全部留守，科長級以上全員二十四小時待命，工廠復原及損害鑑定加速進行。而且事件結束前工安要加強，不能休假。工廠的危機處理小組設在總經理室，由各部門主管組成，每天早上八點、中午十二點與下午五點固定開會，研商對策。聯絡人由總經理特助兼任。

晚報刊登了公司處理此次事故的消息，大意是說此次事故是停電所致，公司損失金額及處理立場，基本肯定張董負責任的立場。公司股價尾盤打開跌停。

19:00 PM 晚餐後湧進人潮，廠外聚集六、七百人。

晚餐後現場湧進各方人潮，有當地民眾，有看熱鬧的，賣冰賣吃食的攤販也來了十幾攤。中間各方馬路消息此起彼落。有人說他家落下的粉塵多到差一點看不到窗子。有人則說，以前在農作物上看到有白色粉末，工廠粉塵外洩一定不是第一次。有一戶養雞場提來了五隻死雞，直說是被粉塵毒死的，要跟工廠算老帳，把他以前死的雞全部賠回來。大家一談到鎮長晚上要出面都很興奮，說他們一定可以獲賠很多錢。

約莫七點四十分，鎮長、鎮代主席及一些民代、鄉紳共十二人抵達現場。現場突然鼓譟起來，數十名壯漢並帶領現場群眾歡呼為鎮長等打氣，他們在鎮長一行人進入工廠前，一舉把工廠大門搖倒，現場外圍一時出現亂象，還好約有十名警察在現場維持秩序。

保險公司參照環保署標準，提供書面資料予林總，算出合理的賠償金額應在三千萬元左右。

20:00 PM　鎮代先下馬威，要求賠償六千萬元。

鎮民代表主席一進入協調會場即高聲開罵，其它民代也附和。鄉紳們比較理性，請求大家先坐下來，聽聽工廠想如何處理。警察也要求大家理性協商。一位里長先氣衝衝地問，粉塵到底有沒有毒？

當晚某大學化工所長不克前來，林總請陳副總說明，但現場人士反駁賣瓜一定說瓜甜，他們不信。鎮長並質疑總公司沒有誠意，不然老闆怎麼今晚沒來。

林總請你代為說明。你向鎮長致謝，謝謝他主動出面，也傳達張董對他的歉意及解決問題的誠意，同時請求在場人士給予五分鐘的時間，說明事情原委及公司處理方案，然後大家再進行溝通。

現場人士大部分關心的重點顯然不在於工廠損害、復原等工安事宜，一再直接問：「到底要賠多少錢？」而且再三提醒，沒獲得賠償，他們一定鬧不停。對於賠償金額，鎮代主席說當地居民共約六百戶，每戶十萬元，要賠六千萬元。你提供環保署的相關事故案例，說明一定遵照上面的標準處理賠償。律師也幫忙說明，捐害範圍及受損情況尚待認定，每戶賠償似乎不妥。

鎮代主席生氣拍桌，說粉塵飄到人家家裡，大家怕死了，都清掉了，還有什麼認定問題？話一說完，便對著鎮長說，工廠沒誠意，事情發生一天多了還理不出賠償金額，分明是欺負人，便走了。一群人氣呼呼地走了，留下鄉紳在現場。

場外民眾又鼓譟起來，鐵門又被推倒，現場一陣歡呼。記者問怎麼辦，你回答明天繼續會談，並請他發布公司負責的承諾與明天續談的期望，而賠償金額參照環保署相關事故標準，實在容有商榷的餘地。

21:00 PM 繼續傳達溝通誠意，報告總公司處理情況。

林總、陳副總、廠務主管和你與鄉親在林總辦公室喝茶，繼續討論可行方案。鄉紳建議林總今晚一定要去拜訪鎮代主席，並指出縣議會副議長與他有交情，要趕快爭取副議長的支持。廠務經理說副議長是他家親戚，立即在林總辦公室打電話給副議長，請他打電話給鎮代主席，並安排今晚去他家請益。

你要求隨行的副主管按照「效果評估與改善對策」，向張董及總公司危機小組成員發布處理現況及差異對策。林總及廠務經理由鄉紳陪同至鎮代主席家拜會請益。陳副總與你留在工廠召集工廠危機處理成員開會，研商明天的可能情況與因應對策。

廠務經理電告，鎮代主席雖然面有不悅，但仍接受第三天十點再進行協商的提議。

林總、陳副總、工安、保險公司、律師與你當晚忙到深夜一點，依照粉塵散布區域及數量，參

效果評估與改善對策

過程	主要內容	目的
結果檢閱	● 結果整理 ● 效益分析	確認產生效果。
目標差異	● 預估與實際差異分析	確認影響效力。
改善對策		
執行方案	● 針對缺失，提出改善	

照環保署相關標準，再次算出合理的賠償金額應落在二千四百萬至二千七百萬元之間。你決定先發文向張董報告，並取得其認同。

第二天 08:00AM 早晨會報。

台北公共事務部傳來新聞剪報及輿情分析，大致上肯定公司的做法，政府及立法部門也沒有責難之聲。你擬定今天二次會談重點，並電告張總，向他說明賠償、損失及保險理賠事宜。他授權在三千萬範圍內解決爭議。他並告知，昨晚也曾請求副議長給予協助。

林總召開早晨會報，由你說明事情現況及公司處理決策，大家交換意見後，再次確定今天工作重點、目標及分工事宜，包括：林總、廠務經理負責拜訪鎮代、里鄰長、受損較重的民家，而後在下班前或晚上由你陪同拜訪鎮長、鎮代主席報告及請益。陳副總與工務經理負責工廠復原，另由總公司財務與保險公司進行理賠洽談。

台北媒體記者希望最遲十一點能發給他們消息。你請台北總公司發出新聞稿，說明工廠正在進行復原工作，預計十天內可以修復。鄰損爭議正遵照政府指示在協調之中。

廠外民眾未散，有民眾仍提所謂受害的農畜作物前來工廠，你指示一切按市價無異議賠償，並請工安繼續無條件供應茶水飲料，以禮相待，且聆聽現場民眾意見，作成輿情分析，供決策參考。

下午縣府來電關切，你告知目前爭議焦點及明天上午再次協調之計畫。你再次陪同陳副總進行廠區視察，了解復工、理賠與民意等情況，並調整危機處理計畫及思考協商策略。

晚上六點進行危險小組工作會議，各部門針對重點工作報告今天情況。預測今晚廠外民眾抗爭應轉趨平和。晚間八點左右，廠區主要幹部及當地員工主動與現場民眾溝通，並告知他們明天會繼續協商，公司一定負責到底，請他們放心。

第三天 10:00AM 二次會談。

副縣長與鎮代主席等一行人共同抵達現場，民眾向其表達不滿。他們承諾一定依法爭取民眾權益。鎮代詢問粉塵疑慮。化工所長提出國際相關資料及數據證明，並舉例說明一個人一年內要吃進相當於體重的粉塵才有可能致毒。現場人士沒有異議。

副議長提醒賠償才是要事，而且要盡早解決。林總說公司本來就有誠意，並請廠務經理說明賠償的依據與參照標準，算出金額應在二千四百萬至二千六百萬元之間。他並當場提出詳細的參考依據，縣環保局派來的代表也認為合理。鎮代主席說，公司不能給人做選擇題，應該自己決定賠償金額。

鄉紳提議折衷二千五百萬元。在場民眾無人作聲。副議長提議賠民眾二千五百萬元，再捐給公廟三百萬元作公益基金。部分民眾說公廟也獲賠償，其它人也不再堅持異議。鎮長知道訊息，也說民眾接受就好。雙方約定下午三點簽署和解協議。爭議終告落幕。

接著，擬定新聞稿，向媒體說明；擬定災害結案報告，送政府相關部門；拜訪地方領導人士及社區民眾，致謝與致歉。你同時與林總經理修正災後復原計畫，並排定在下午五點召集公司廠務、工務及業務部門討論工廠緊急復原執行方案。

實用工具

公共安全事件緊急應變演練

在危機還沒降臨之前，可以善用危機假想策略，對尚未發生之危機進行假設的劇本分析（Scenario analysis），設法找出危機主體的高度優先目標，根據高度優先目標設想具體的危機狀況之後，就對造成該假想危機的因子或因素加以界定成具體的危機因子。這是危機意識的具體成形，也是危機偵測的第一步，以期消弭危機於無形。

本危機事件案例實務模擬演練，演練內容以危機事件處理為主題，模擬危機之各種可能情境，並進行實際演練，且檢討演練過程。目的在於透過案例演練，就危機事件設定的情境，進行緊急應變處理兵棋演練，使組織和員工熟悉危機事件緊急應變原則，依資訊蒐集、危害風險評估、對策擬定及決策下達等步驟，採取迅速有效的緊急應變措施，以使事件造成的負面衝擊與影響的範圍降到最低，並且主動積極地掌握契機，化危機為轉機。

一、演練主題：

劇本主題設定為國際經常發生的食品安全事件，背景為地方衛生單位通報，發現疑似有食品業者使用回收之劣質油品。食用油品為民眾廣泛食用之民生用品，且此一劣質油品涉及知名品牌大廠，推估其流入市場已有相當一段的時間和數量，若不趕緊善加應對處理，恐再次演發飼料用油脂用於食品的重大食安風暴。此次演練主題，包括：

- 中央與地方機關緊急協調對策（分級通報、緊急應變指揮中心開設及解除）
- 遭汙染食品之追蹤溯源及緊急處置作為（追蹤追溯及稽查通報）
- 緊急安全檢驗及相關對應決策行動（檢驗量能及跨部會效能）
- 緊急危機溝通行動對策（社會溝通、媒體溝通、國會溝通）

二、情境假設：

地方衛生單位通報，有業者疑似使用回收油再出售之劣質油品，恐發生飼料用油脂流用於食品業之情形，因涉及知名品牌集團大廠，受影響之相關產品數量高且範圍大，引起國人不安。

時間	事件發展
第一階段 D日上午	地方衛生單位接獲民眾舉報，積極派員跟監追查，查出我國多家知名食品業者製造的肉類加工製品皆使用Y公司「YY香豬油」製成，Y公司自地下工廠X購買回收處理過的廢食用油、回鍋油，以三三%劣質油混入六七%豬油調和出廠為「YY香豬油」。地方衛生單位已要求業者先將相關的產品全面下架。 食藥獲地方相關單位呈現後，立即召開緊急應變會議，著手因應。
第二階段 D日下午	當日電子媒體獲檢調單位訊息後，陸續報導黑心油品事件，抨擊政府對原料之管理作業不當，以致汙染相關產品，要求食藥署逐一清查原料之安全性。 教育部、國防部均關切此案問題是否波及校園及軍隊，來電要求涉案廠商資訊。 各媒體擴大報導，民眾恐慌，晚間湧入大量電話，爭相詢問事件真假及因應方式。消費者權益組織發布新聞，指出我國油脂未設立品質檢驗機制，呼籲食藥署立即加強管制規範。

第三階段 D＋1日	案發次日，甲報均以聳動新聞報導黑心油品事件，並提及利用回收油品再製販售，恐怕殘留重金屬等有害物質，為國人罹患大腸癌及洗腎人口居高不下主因，抨擊政府草菅人命，要來官員下台。 根據各地方衛生單位追查，油品已流向食品原料行、雜糧行、烘焙坊、早餐店、攤商等，涵蓋範圍廣泛，請求食藥署調動物人力支援。下游業者為求自保，希望政府及早擬訂並公布油品之檢驗合格標準，並提供合格檢驗機構名單，以保護自家商譽。 食藥署比對其它油脂業者進出量後，發現其中數家出貨量不符，尤其幾筆國外訂單有疑慮，轉求駐外機構協助了解。
第四階段 D＋3日	Y公司遭離職員工爆料，Y公司長期引進香港的工業豬油混入「YY香豬油」，並經香港食物安全中心證實。檢調單位接獲檢舉並查獲Z集團旗下公司多種油品皆混充不可食用油及飼料油，其中販售對象包括化妝品製造業者，待釐清相關原料是否流入化妝品產業。 檢調公布訊息後，大批消費者要求政府協助民眾辦理退貨及賠償損失。專家學者也於政論節目表示，國內並無開發回收油品檢驗方式，難以靠檢驗辨別市面流通油品是否安全，質疑政府未落實油脂檢驗及監測。 Facebook、PTT等社群網路民意沸騰，食藥署食用玩家粉絲專頁遭網軍洗版，要求食藥署對外說明。
第五階段 D＋15日	經持續稽查、下架、回收並銷毀後，各地衛生局官員至各門市賣場等通路全面清查，尚無發現問題油品及其產品，但油品為大宗食品，檢驗合格亦無法證實其產品的安全性，民眾反應已無法信任市面販售之相關產品，業者叫苦連天。 事件逐漸平息後，監察院提出糾正案，針對食藥署邊境管理，以及國內稽查制度是否建立完整進行調查。立法委員提出質詢，認為國內食品安全事件頻傳，政府應盡速對油品製造業管理規範不全進行修訂。

三、演練流程：

本次緊急應變採取議題式演練，內容包括：演練想定、演練議題、演練狀況，全程共一百二十小時之狀況模擬。實際演練時，各功能分組依各階發布狀況，進行對策擬訂及行動方案之執行。

四、任務分組：

依據三級開設暨署內層級緊急應變作業流程事件指揮系統（Incident Command System，ICS），應變指揮中心組織架構以下五個分組，可視事件實際狀況進行彈性調整，各分組負責人依業務歸屬與專長進行任務分配，主要任務有業務處理、檢驗技術、行政支援、流通稽查、幕僚作業、指揮官及發言人及跨部會合作之財政部、內政部、經濟部、國防部、教育部、外交部、農委會、環保署、陸委會、行政院消保處、法務部、檢警調及海防署等。

五、狀況發布與實際演練：

第一階段	處理議題	演練狀況說明	處理重點	流通稽查	業務處理	檢驗技術	行政支援	幕僚作業
中央與地方機關緊急協調之對策	啟動中央緊急應變機制	地方衛生局查獲黑心油品，食藥署如何研判等級，進一步分級通報及開設應變層級	分級通報及應變開設之標準作業流程	區管	食品		企劃	風管
遭汙染產品追蹤追溯之作為	確認問題產品管理原則	不肖業者利用回收處理之廢食用油及回鍋油再製販售，如何進行規範	違規樣態之管理規範	●	●			
持續加強安全檢驗之對策及規劃	確認產品是否具有危害性	食藥署應利用那些方式檢驗檢測	檢驗標準及背景值及危害值		●	●		
因應民眾疑慮及媒體採訪之回應	準備與民眾及媒體溝通策略方案	媒體採訪報導重點，一、食藥署如何研判是否對人體有健康風險。二、如何第一時間對外說明	研判健康風險及媒體民眾回應		●		●	

第二階段	處理議題	演練狀況說明	處理重點	流通稽查	業務處理	檢驗技術	行政支援	幕僚作業
中央與地方機關緊急協調之對策	涉案廠商及問題產品資訊通報	教育部、國防部來電請求提供涉案廠商及產品清單，如何加強與相關部會連繫溝通？	部會溝通連繫	●				
遭汙染產品追蹤追溯之作為	追查問題原料來源及流向	媒體抨擊政府對原料管理作業不當，要求逐一清查原料之安全性，應採何種稽查措施？	追蹤追溯機制	●	●			
持續加強安全檢驗之對策及規劃	針對疑慮產品抽樣送檢	消費者權益組織發布新聞，指出我國油脂未建立品質檢驗制度	抽樣檢驗機制		●	●		
因應民眾疑慮及媒體採訪之回應	整理健康風險資訊進行大眾溝通	各家媒體報導，民眾恐慌，湧入大量電話，如何因應？	民眾專線、民意分析及媒體溝通				●	

第三階段	處理議題	狀況說明	處理重點	流通稽查	業務處理	檢驗技術	行政支援	幕僚作業
中央與地方機關緊急協調之對策	中央與地方機關之稽查人力調度	涉案產品汙染影響範圍廣泛，各地衛生局稽查人力不足，尋求食藥署人力支援	中央與地方機關之人力調度之配套措施	●	●			●
遭汙染產品追蹤追溯之作為	後續節場資訊反饋及邊境追蹤追溯	比對進貨和出貨量後發現幾筆國外原料進口紀錄有疑慮，如何進一步進蹤國外原料進口情況？如何確認問題產品流向？	邊境追蹤追溯及國外查廠；確認問題產品是否有外銷情形。	●	●			
持續加強安全檢驗之對策及規劃	檢驗標準及實驗室量能	下游業者為求自保，希望中央機關儘速擬訂並公布油品檢驗合格標準，並提供檢驗機構名單	檢驗量能及檢驗機制；現有檢驗標準及法規配套。		●	●		

第三階段	處理議題	狀況說明	處理重點	流通稽查	業務處理	檢驗技術	行政支援	幕僚作業
因應民眾疑慮及媒體採訪之回應	政府與大眾溝通之因應對策	媒體報導回收油品再製販售，恐怕殘留重金屬等有害物質，抨擊政府草菅人命，要求署長下台。面對要求下台聲浪，如何因應？能否就健康風險評估對外進行社會溝通？	政府作為之適時說明；對外溝通能力及管道。		●		●	

第四階段	處理議題	狀況說明	處理重點	流通稽查	業務處理	檢驗技術	行政支援	幕僚作業
中央與地方機關緊急協調之對策	擬訂化妝品遭汙染之因應	針對非食用油脂包含回收油及飼料用油流入化妝品產品，如何因應？	化妝品原料之管理規範	●	●			

遭汙染產品追蹤追溯之作為	研擬汙染食品之回收計畫	若業者不配合提供銷售紀錄流向，如何會同檢調警進行稽查？如何防止相關產品繼續流入市面？	會同檢、調協助辦理食品事件之機制；研擬汙染產品之回收計畫	●				
持續加強安全檢驗之對策及規劃	適時公布政府檢驗資訊	消費者要求政府協助向業者求償，面對網路群情沸騰，如何處理？	適時公布政府之檢驗監測資訊，並對外回應；無檢驗方法及標準時之配套措施。			●		
因應民眾疑慮及媒體採訪之回應	針對網路社群之抗議聲浪做出應變措施		協助消費者求償及網路社會之資訊發布					

第五階段	處理議題	狀況說明	處理重點	流通稽查	業務處理	檢驗技術	行政支援	幕僚作業
中央與地方機關緊急協調之對策	協助地方機關輔導業者進行產品自主檢驗	國人向政府反應，已無法信任市面販售之相關產品，業者叫苦連天。如何採取配套措施，安定民心？如何協同地方機關輔導業者自主管理及檢驗？	針對安全性產品上架之配套措施；輔導業者進行後續自主管理，並檢驗產品之安全性。	●				
遭汙染產品追蹤追溯之作為	確認汙染產品之回收及銷毀等相關進度	全面清查市面通路，尚無發現問題油品及其相關產品。如何確認汙染產品之下架回收？	問題產品回收之程度及回收後之處理動作	●				

持續加強安全檢驗之對策及規劃	相關單位研擬後續檢驗之強化措施	如何防範類似汙染情況再發生，必要時應如何開發檢驗項目。另除了酸價、重金屬等油脂例行性檢驗項目，可增加那些檢驗指標？	相關產品後續檢驗強化機制，以及新違規樣態之檢驗開發；油脂之品質檢驗指標。		●	●		
因應民眾疑慮及媒體採訪之回應	針對監察院糾正及立法院質詢之回應方式	監察院提出糾正案。立法委員提出質詢。如何提出完善之改進計畫？	針對主動稽查及管理規範做出具體規劃及管理		●		●	
緊急應變指揮中心開設解除	評估並解除緊急應變三級開設條件	黑心油品事件已釐清問題，並採取有效因應措施，危機已妥善處理至一段落	解除緊急應變三級開設條件	●	●	●	●	●

六、評量重點：

1. 危機決策：

油安事件再度考驗政府緊急應變能力！進行演練時不妨先回想一下本書第一章中所講的領導和決策相關內容，並體察其中成功要素，也參考第二章，特別洞察真正問題的源頭、發展的箭頭和處理策略的勢頭，勇於任事，積極作為，不畏壓力，不懼權位。

危機一旦發生，社會大眾雖然不免重砲抨擊政府機構及決策官員，但政府能否勇於任事，當機立斷，拿出正確行動方案才是重點，這是政府在面對危機時應有的第一認識。

民眾倒底關心什麼事？還有什麼可以再做？這是食藥署在此次演練中要深切思考的根本議題。

緊接的是，檢驗讓油品問題一一浮現，業者罰款、產品下架，然後呢？吃到產品的消費者怎麼辦？回收下架的油怎麼辦？民眾退的油怎麼辦？最重要的是，民眾看著賣場的油一一下架了，還能買什麼？食用油出現油荒怎麼辦？剩下合法油商奇貨可居漲價了怎麼辦？每一相關政府官員都應從民眾的立場出發，確保食的安心，才能贏回民心。

大型通路業提出聲明，從下架、回收到衛福部的公文出問題，讓賣場無所適從，油安問題已經引發政府、製造商、通路賣場和人民之間的四方對立，整個社會像是失控了。緊急問題不能靠公文的行政往返，會激發民眾不良觀感，趕緊邀集相關業者及公協會組織，以會議方式立即擬出行動對策，才是上策。而油品出事，政府、製造商、通路與消費者四方有著緊密的關係。政府發動大規模的檢驗同時，包括下架、回收、賠償和民眾的信心重建，涉及衛福部、檢調司法與經濟部等跨部會的連結。緊急應變演練當然要把相關單位列入，更重要的是，要能聯合拿出正當又有效的打擊不法措施。

2. 危機發言：

危機發言的一大目的是展現正確、正當和合法的作為，請先參考第九章。侵權法（tort law）是保護消費者權益和打擊不法廠商的基本法。如果公司因為產品或服務對顧客造成傷害，就必須肩負賠償的責任，法院為了嚇阻類似的行為，還會做出超過受害者損失的懲罰性賠償（punitive damages）。

劣質豬油風暴固然在品質檢驗上，是有科技能力不及的灰色地帶，或是檢驗項目法規尚未列入的空缺。但是，官員對部分黑心油品進行檢驗出爐的報告，竟然指出用它做成的香豬油完全符合標準，引發全民譁然，發言當然不當。

在眾多爭議中，標示不實和以低劣汙染油品混入，賺取不法暴利，是不可否認的事實。使用劣質豬油混當食用油，就違反《食品安全衛生管理法》，因此即使尚未證實這些摻雜油對健康有害，廠商也不能逍遙法外。政府除應協助受害民眾進行民事訴訟賠償外，對於觸犯刑法「商品虛偽標示罪」、「詐欺取財產罪」等罪及違反《食品安全衛生管理法》，檢調機關應調查其法律責任和不當獲利，課以懲罰性的賠償，不容延遲。此一政府可依法執行之作為應該列為發言重點。

3. 危機溝通：

食品涉及人民身體健康和生命安全，影響重大，涉及的風險因素繁雜而且普遍敏感，除閱讀本書第八章，另也請參考風險溝通學者盛德門（Peter M. Sandman）和疾病預防學者藍納德（Jody Lanard）為世界衛生組織擬定的疾病傳染事件風險溝通法則。他們提供的二十四條風險溝通要點，包括一、不要超越可信度的保證；二、將可信任的保證資訊放在附件裡；三、對不確定性保持中肯及合乎知識及科學的態度；四、不要為避免恐慌而做了過分的診斷和過分的計畫；五、不要操弄或嘲弄大眾的情緒；六、建立你自己的人道情懷；七、明確告知群眾可以期待的願景；八、承諾民眾即將執行的事物；九、承認錯誤、不足和錯誤的行為；十、清楚明瞭錨定和框架效應的作用；十一、不要說謊，不要告知民眾只有一半事實的事；十二、小心應對風險比較的陷阱；十三、不要失之警戒；十四、分享進退兩難的困境；十五、認知多元民意的事實；十六、願意探索問題的真相推測；十七、不要設想零恐懼之事；十八、合理推斷和感受民眾恐懼的原因；十九、容忍群眾早期的過度反應；二十、讓民眾對自己的行動做出選擇；二十一、廣聽民意，查納雅言；二十二、不要吝於對錯誤的行為表達歉意；二十三、清楚明瞭官方意見、預估和政策的變動；二十四、正直坦率，不偏不倚，透明不諱。

動腦時間

該不該負起產品賠償責任？

頂新黑心油事件，意外讓王品集團應否負責產品責任的問題浮上檯面。危機處理時必須先有法律、企業道德和職業倫理的觀念。

當時王品集團董事長戴勝益認為問題油不是王品製造，不應像黑心油業者一樣受到社會譴責，呼籲員工走上街頭抗議。王品集團在此事件中對於消費大眾是否應負產品賠償責任？確實值得討論和正視。

「產品賠償嚴格責任」（strict liability）是當今國際侵權法中關於責任標準的術語，也是世界產品品質安全及消費者權益保護的主流。根據英美《侵權法》等對嚴格責任的法制通則，無論當事人盡到怎樣的注意，或採取任何的預防措施，只要有損害情事發生，不只製造商必須承擔賠償責任，銷售商對於銷售有瑕疵的商品，若對消費者造成不合理的危險，也應承擔產品賠償責任。

另外，根據國際先進國家的無過失嚴格責任適用範圍，食品、化妝品、家具、汽車和農藥等皆是嚴格責任的項目。美國統一商法典並且規定，旅社、飯店或餐廳，若供給不潔的食品或飲料致傷害顧客時，亦屬買賣行為，應負默示擔保之責任。同時，引用歐美國家法院的產品無過失嚴格責任的諸多判例，從事商業行為的供應商，不是一般偶發性買賣的出賣人，對於產品安全也應負嚴格責任。

綜上所述，王品集團雖然只是涉及產品商業買賣和服務的過程，但根據「產品賠償嚴格責任」的各相關法律判例和法學見解，不能免除對於消費者應負的產品安全和賠償責任，應無疑義。

實用工具

兼顧智商和情商的產品召回策略

世界公認食安危機處理的典範——一九八二年嬌生泰諾中毒事件，它的成功其實具有事實資料支持的情商（Emotional Intelligence）。美國管理學者泰德羅，主動擺脫普遍看法的束縛，客觀冷靜地蒐集事實，勇敢地面對這些事實可能在銷售和人情方面帶來的影響。而危機處理的第一件工作，就是力求準確地查明事件的原委和發生的經過。如果危機是可控制因素造成的，公司必然要迅速糾正錯誤，設立召回反應小組（recall response team），以評估回收可能、擬定回應方式和監督回應過程、建立及維繫溝通管道，並完成回收活動，是最為核心的工作。嬌生一七人小組當時下的重要決策是：

1. 抽調大批人馬立即對所有藥片進行檢驗。經過聯合調查，發現在全部八百萬片的檢驗中，所有受汙染的藥片只源於一批藥，總計不超過七十五片，並且全部在芝加哥地區，最終的死亡人數也確定為七人，並非如所傳的兩百五十人。
2. 雖然受汙染的藥品只有極少數，但仍然按照公司最高危機原則，即「在遇到危機時，公司應首先考慮公眾和消費者利益」。在全國範圍內立即收回全部價值近一億美元

產品召回的考量象限		
	自生Internal 可控	Extneral外生 不可控
缺陷 Error 便利 健康 安全 生命 生態	缺陷 是產品被召回的基礎 HOW	缺陷 是可控因素造成的 HOW
傷害 Hazard	召回速度和方式的考量在於產品缺陷的危害風險 HOW	危機是非可控因素造成的 HOW

的泰諾止痛膠囊，並投入五十萬美元，利用各種媒體管道通知醫院、診所、藥妝店、醫生停止銷售此藥。

3. 以真誠和開放的態度與新聞媒體溝通，迅速傳播各種真實消息，無論是對企業有利的消息，還是不利的消息，他們都毫不隱瞞。

4. 積極配合美國醫藥管理局的調查，在五天時間內對全國收回的膠囊進行抽檢，並立即向公眾公布檢查結果。

5. 為泰諾止痛藥設計防汙染的新式包裝，以美國政府發布新的藥品包裝規定為契機，重返市場，舉行大規模的新聞發布會。會議由董事長柏克親自主持。他首先感謝新聞界公正地對待泰諾事件，然後介紹該公司率先實施藥品安全包裝新規定，推出泰諾止痛膠囊防汙染新包裝，並現場播放新包裝藥品生產過程錄影。美國各電視網、地方電視台、電台和報刊就泰諾膠囊重返市場的消息廣泛報導，大眾也給予積極的回應。

至於是否決定將產品召回，哈佛大學管理學院提供了一個思考象限，非常值得大家參考。

產品召回管理使用者手冊			
事業功能	召回階段 事前(召回準備)	事中(完善回收)	事後(成功認知)
政策規劃	• 建立對召回和回收準備重要性的認知共識 • 指定回收任務 • 制定回收手冊	• 成立回收反應小組 • 並決定回收範圍程度和型態 • 擬定並執行回收計畫 • 規劃產品的再導入	• 擬定和執行回收解除計畫 • 擬定並執行產品再導入計畫 • 檢討整體回收活動成效 • 致謝感激內外參與者
產品發展	• 推行全面品管 • 在產品研發階段即考量安全性及可追蹤性 • 在產品研發階段即考量回收的可能性	• 找出產品故障和缺陷原因 • 決定對顧客補償措施 • 修正產品缺失	• 確認在過程的哪一階段出現問題 • 追蹤顧客對回收及再導入的滿意度
溝通	• 確認回收活動的關係人 • 建立關係人對組織和活動的信心 • 將回收納入危機溝通	• 快速表明公司立場和問題現況 • 提出具體對關係人補償措施 • 慎選媒體和溝通訊息 • 宣布回收 • 公布回收進度	• 再度承諾和保證 • 傳播成功故事 • 藉由廣告和促銷活動增進品牌信任
後勤和資訊系統	• 可迅速通知傳遞訊息 • 測試產品生產供銷的可追蹤性 • 設計可行的回收系統 • 模擬以及測試	• 追蹤產品及回收資訊和後勤作業 • 執行回收管理資訊及後勤作業系統	• 檢討 • 修正 • 建檔 • 改善

參考書目

1. Laurence Barton, *Crisis Leadership Now: A Real-Wrold Guide to Preparing for Treats, Disaster, Sabotage, and Scandal,* McGraw-Hill Education, 2008.
2. Jenny Rayner, *Managing Reputational Risk*, The Institute of Internal Auditors, UK, 2003.
3. Michel Crouhy, Dan Galai, Robert Mark, Risk Management, McGraw-Hill, 2000.
4. Erik Banks, Richard Dunn, Practical Risk Management: An Executive Guide to Avoiding Surprises and Losses, John Wiley $ Sons, Inc, 2003.
5. David Morey & Scott Miller, The underdog Advantage: Using the power of insurgent strategy to put your bossiness on top, McGraw Hill Education,2004
6. James Law, Enterprise Risk Management, John Wiley $ Sons, Inc, 2003.
7. Ian I. Mitroff, Christine M. Pearson, and L. Katharine Harrington, *The Essential Guide to Mananging Corporate Crises,* Oxford University Press, New York, 1996.
8. James E Post, Anne T. Lawrence, and James Weber, *Business And Society: Corporate Strategy, Public Policies, and Ethics* (Tenth Edition), McGraw-Hill, 2002.
9. Stephen Davis, Jon Lukomnik, and David Pitt-Watson, *The New Capitalists: How Citizen Investors Are Reshaping the Corporate Agenda*, Harvest Business School, 2006.
10. Robert B. Reich, *Super Capitalism: The Transformation of Business, Democracy, and Everyday Life,* Sagalyn Literary, 2008.

11. Noam Chomsky, Media Control: *The Spectacular Achievements of Propaganda,* Rye Field Publication, 2003.

12. Adrian J. Slywortzky, *The Upside: The 7 Strategies for Tuening Big Threats into Growth Breakthroughs,* Crown Business, 2007.

13. Michael Useem, *The Leadership Moment,* Zenith Publication, 1999.

14. David Gergen, *Eyewitness Power: The Essence of Leadership, Nixon to Clinton*, Simon & Schuster, 2000.

15. Steven L. Wartick, Donna J. Wood, *International Business & Society,* HC Book, 1998.

16. Sydney Finkelstein, *Why Smart Executive Fail*, Penquin Group, 2004.

17. Steven Fink, *Crisis Management–Planning for the Inevitable*, UCLA, 1987

18. Franser P. Seitel, *The Practice of Public Relations* (Seventh Edition), Simon Publication,1998.

19. Zbigniew Brzezinski, *Second Chance: Three Presidents and the Crisis of American Superpower,* Rive Gauche Publishing, 2007.

20. Walter Stewart, *Too Big to Fall: Olympia & York, The Story Behind the Headlines,* McClelland+Steward Inc, 1993.

21. http://www.brunswickgroup.com/media/339785/issue-8-post-crisis-chinese-translation.pdf

22. Barbara Bigelow, Liam Fahey & John Mahon (1993). A Typology of Issue Evolution. *Business and Society 32 (1).*

23. N. Craig Smith, Robert Thomas, John Quelch, *Harvard Business Review.*

24. 劉代洋、黃丙喜，企業、政府與社會，雙葉出版社, 2005。

25. 岡崎哲二，經濟史上的教訓，新華出版社，2002。

26. 佐佐淳行，轉機與契機：面對新危機時代的挑戰，錦繡出版，1994。

27. 彼德．杜拉克，下一個社會的管理，機械工業出版社，2006。

28. 陳雙景，危機談判，遠流出版社，1998。

29. 周春生，企業風險與危機管理，北京大學出版社，2007。

30. 景斌，公共危機心理，社會科學文獻出版社，2006。

31. 陳輝吉，財務危機手冊，臉譜文化，1998。

32. 陳輝吉，企業財務預警手冊，商周出版，1998。

33. 孫多勇，突發事件與行為決策，社會科學文獻出版社，2007。

34. 葉銀華，實踐公司治理一台灣集團企業的功與過，聯經出版社，2008。

35. 高民杰、袁興林，企業危機預警，中國經濟出版社，2003。

36. 鄭子云、司徒永富，企業風險管理，商務印書館，2001。

37. 章彰，商業銀行信用風險管理一兼論巴塞爾新資本協議，中國人民大學出版社，2002。

38. 陳長文，財經法律與企業經營一兼述兩岸相關財經法律問題，北京大學出版社，2003。

39. 王海南、李太正、法治斌，法學入門，台灣法學研究中心，月旦出版，1993。

40. 史際春，經濟法，中國人民大學出版社，2005。

41. 種明釗，競爭法，法律出版社，2004。

42. 周素娥，管理學，中華電視(股)公司，2003。

43. 汪明生等編著，衝突管理，五南圖書出版(股)公司，2003。

44. 于鳳娟譯，危機管理，五南圖書出版(股)公司，2007。

45. 王寶玲等編著，紫牛學危機處理，創見文化公司，2005。

46. 何明城審訂，管理學，智勝文化公司及台灣培生教育(股)公司，2003。

47. 張利中，心理學，普林斯頓國際有限公司，2004。

48. 陳昌文等編著，管理心理學，新文京開發出版(股)公司，2006。

49. 林恭弘，35種拓展人脈傾聽技巧：PHP研究所，2007。

50. 鈴木有香，衝突管理入門，株式會社 自由國民社，2008。

51. 松本一男，客家人的力量，新潮社文化事業有限公司，2007。

52. 曾仕強等編著，圓通的領導，百順資訊管理顧問有限公司，2001。

53. 李建興譯，領導人都哪裡去了，高寶國際有限公司台灣分公司，2007。

54. 陳佳伶譯，有錢人想的和你不一樣，大塊文化出版(股)公司，2006。

55. 藤田田，猶太人怎麼賺錢，新潮社文化事業有限公司，2007。

56. 陳信宏譯，品牌思考很簡單，究竟出版社(股)公司，2005。

57. 林宜立，老子道德經淺釋，2000。

58. 張進德，租稅法與實例解說，元照出版公司，2006。

59. 陸朝武，天帝教教訊(213期)，巨光設計印刷事業(股)公司，2001。

60. 曾永有等編著，台北客家扶輪社社員手冊，2006。

61. 行政院公共工程委員會，政府採購暨供參申訴案例彙編(五)，行政院公共工程委員會，2008。

62. 王練，關於幼兒衝突溝通中美文化差異之比較，Child Research Net，2007。

63. 李家同，立委：一種粗鄙職業？聯合報(94.04.09)、中國時報(94.04.12)。

64. 盧希鵬，網路行銷：連結經濟下的社交網路數位革命，雙葉書廊，2010。

新商業周刊叢書　BW0601

動態危機管理
（終極增修版）

作　　者／黃丙喜、馮志能、辜存柱、徐政雄
企劃選書／陳美靜
責任編輯／黃鈺雯
版　　權／黃淑敏
行銷業務／張倚禎、石一志

總 編 輯／陳美靜
總 經 理／彭之琬
事業群總經理／黃淑貞
發 行 人／何飛鵬
法律顧問／元禾法律事務所 王子文律師
出　　版／商周出版　臺北市中山區民生東路二段141號9樓
電話：(02)2500-7008　傳真：(02)2500-7759
E-mail：bwp.service@cite.com.tw
發　　行／英屬蓋曼群島商家庭傳媒股份有限公司　城邦分公司
台北市104民生東路二段141號2樓
電話：(02)2500-0888　傳真：(02)2500-1938
讀者服務專線：0800-020-299　24小時傳真服務：(02)2517-0999
讀者服務信箱：service@readingclub.com.tw
劃撥帳號：19833503
戶名：英屬蓋曼群島商家庭傳媒股份有限公司城邦分公司
香港發行所／城邦（香港）出版集團有限公司
香港灣仔駱克道193號東超商業中心1樓
電話：(825)2508-6231　傳真：(852)2578-9337
E-mail：hkcite@biznetvigator.com
馬新發行所／城邦（馬新）出版集團
Cite (M) Sdn Bhd
41, Jalan Radin Anum, Bandar Baru Sri Petaling,
57000 Kuala Lumpur, Malaysia.
電話：(603)9057-8822　傳真：(603)9057-6622　email: cite@cite.com.my

國家圖書館出版品預行編目(CIP)資料

動態危機管理（終極增修版）/ 黃丙喜, 馮志能, 辜存柱, 徐政雄著. -- 增訂三版. -- 臺北市：商周出版：家庭傳媒城邦分公司發行, 民105.05
面；　公分. --（新商業周刊叢書；BW0601）
ISBN 978-986-93021-8-0(平裝)

1.企業領導 2.組織管理 3.危機管理 4.個案研究

494.2　　105005527

封面設計／廖勁智　內文設計暨排版／無私設計・洪偉傑　印　刷／韋懋實業有限公司
經 銷 商／聯合發行股份有限公司　電話：(02)2917-8022　傳真：(02) 2911-0053
地址：新北市231新店區寶橋路235巷6弄6號2樓

ISBN／978-986-93021-8-0
定價／360元

2016年（民105）5月增訂三版
2021年（民110）2月增訂三版2.2刷

商周出版

廣　告　回　函
北區郵政管理登記證
台北廣字第00791號
郵資已付，免貼郵票

104　台北市民生東路二段141號2樓

英屬蓋曼群島商家庭傳媒股份有限公司城邦分公司　收

請沿虛線對摺，謝謝！

商周出版

書號：BW0601　　書名：動態危機管理（終極增修版）

請於此處用膠水黏貼

商周出版

讀者回函卡

謝謝您購買我們出版的書籍！請費心填寫此回函卡，我們將不定期寄上城邦集團最新的出版訊息。

姓名：____________________

性別：□男　□女

生日：西元＿＿＿＿年＿＿＿＿月＿＿＿＿日

地址：____________________

聯絡電話：____________　傳真：____________

E-mail：____________________

職業：□1.學生 □2.軍公教 □3.服務 □4.金融 □5.製造 □6.資訊
□7.傳播 □8.自由業 □9.農漁牧 □10.家管 □11.退休
□12.其他____________

您從何種方式得知本書消息?

□1.書店□2.網路□3.報紙□4.雜誌□5.廣播 □6.電視 □7.親友推薦
□8.其他____________

您通常以何種方式購書?

□1.書店□2.網路□3.傳真訂購□4.郵局劃撥 □5.其他____________

您喜歡閱讀哪些類別的書籍?

□1.財經商業□2.自然科學 □3.歷史□4.法律□5.文學□6.休閒旅遊
□7.小說□8.人物傳記□9.生活、勵志□10.其他____________

對我們的建議：

____

____

____

____

請於此處用膠水黏貼